INMORTAL:
LA VIDA EN UN CLIC

INMORTAL:
LA VIDA EN UN CLIC

Jorge Blaschke

Un sello de Ediciones Robinbook
Información bibliográfica
C/ Indústria, 11 (Pol. Ind. Buvisa)
08329 — Teià (Barcelona)
e-mail: info@robinbook.com
www.robinbook.com

© 2014, Jorge Blaschke
© 2014, Ediciones Robinbook, s. l., Barcelona

Diseño de cubierta: Regina Richling
Ilustración de cubierta: iStockphoto
Diseño interior: Cifra

ISBN: 978-84-15256-70-0
Depósito legal: B-4721-2014

Impreso por Sagrafic, Plaza Urquinaona, 14 7º 3ª, 08010 Barcelona

Impreso en España - *Printed in Spain*

Cualquier forma de reproducción, distribución, comunicación pública o transformación de esta obra solo puede ser realizada con la autorización de sus titulares, salvo excepción prevista por la ley. Diríjase a CEDRO (Centro Español de Derechos Reprográficos, www.cedro.org) si necesita fotocopiar o escanear algún fragmento de esta obra.

Este libro está dedicado a una serie de científicos que ya no viven entre nosotros. No sólo se volcaron en la ciencia, sino que fueron, a la vez, grandes pensadores de temas filosóficos. Seres que debieran haber sido inmortales, pero hoy sólo nos queda su legado de conocimiento. Estoy seguro que de vivir hoy apostarían por Initiative 2045, es decir, alcanzar la inmortalidad, y lo harían no para disfrutar de la vida y de sus placeres mundanos, sino impulsados por sus ansias de saber y alcanzar nuevos conocimientos. Este libro está dedicado a todos ellos, en especial a los más entrañables para mí que menciono a continuación, en orden alfabético.

Isaac Asimov, Arthur C. Clark, Charles Darwin, Anatole Dolinoff, Albert Einstein, Richard Feynman, Stephen Jay Gould, Fred Hoyle, Aldous Huxley, Bertrand Russell, Carl Sagan, Erwin Schrödinger, Steven Weinberg.

ÍNDICE

Prólogo 13

Introducción 17

1. En busca del Grial de la inmortalidad 23
El comienzo de la pesadilla: la muerte 25
Egipto: donde se empieza a negar la muerte 27
La parca y su ominosa guadaña 28
El azar de no haber estado en el lugar inadecuado
en el momento inoportuno 30

2. Síndrome de eternidad 33
Emprendedores e innovadores 35
Silicon Valley: el germen donde empezó todo 37
Los precursores: hacer realidad la ciencia-ficción ... 38
Craig Venter: a un paso de crear vida artificial 40
Dmitry Itskov: inmortalidad en un espíritu sublime 43
Raymond Kurzweil: 150 píldoras diarias 45
Hiroshi Ishiguro: robots cabalgando sobre el tsunami ... 47
Sir Roger Penrose: ¿es la consciencia cuántica? ... 48
Aubrey de Grey: la prolongación de la vida 50
Peter Diamandis: el camino que conduce al espacio ... 51
Richard Branson: la aventura de Virgin Galactic ... 51
James Cameron: el hombre que hizo temblar al Vaticano ... 52
Richard Dawkins: una hoja de ruta que no conduce a Dios ... 53
Los redactores de la Biblia no tenían ni idea de Física ... 54
Jeff Bezos y Bill Gates: heredando el futuro 56
Sergey Brin y Larry Page: la espontaneidad de la locura 56

3. Todo empezó con la criogenización 59
Un encuentro con el inmortal Dalí 61
La inmortalidad en los años sesenta 63

Criogenización: el silencio del frío 64
Los crionautas que regresarán del frío 66

4. Los semidioses construyendo el futuro 69
Initiative 2045 y Calico 71
Viendo el mundo como otros no lo ven 74
Evolución controlada y conquista del espacio 75
Avatares: encarnados en cuerpos de robots 77
Los cinco principios de la realidad futurista 79
Dmitry Itskov y la inmortalidad cibernética 81
Itskov y la estrategia para *Initiative 2045* 84
Objetivos paralelos de *Initiative 2045* 86
Una razón para vivir y no morir 88
Raymond Kurzweil y la Singularidad 91
Un futuro en plena eclosión 92
El poder de Google 94

5. Llegar a los 100 años con el alimento de los dioses 97
Somos lo que comemos 99
La clave está en las enzimas 101
Las «leyendas urbanas» de la alimentación 103
La carne: caníbales de animales 103
La tecnología para escanear lo que comemos 108
Los medicamentos: una química irresponsable 109
La quimioterapia: un tratamiento que ni el diablo
quiere probar 111
Receta para alcanzar la eternidad 112
Una dieta para la inmortalidad 113

6. *Antiaging*: la eterna juventud 117
Doctor, quiero rejuvenecer 119
La belleza perenne tiene un coste 121
Instituto Frontier: frenando la carrera del tiempo 123
Para tener un cerebro activo 125
¿Son los genes los que alargan nuestra vida? 127
¿Qué acelera y ralentiza el proceso de envejecimiento? ... 129
La vida o la muerte tienen un precio 130

7. Bienvenidos a un mundo de ciencia-ficción 133
El iris del ojo abre las puertas del LHC 135
Probetas, ideas y causas de envejecimiento 137
La máquina de transformar lo bidimensional en
tridimensional 140
3D, imprimiendo con materiales vivos 142
Nanotecnología: ¿Hasta dónde hemos llegado? 143
La nanomedicina que viene 144
Podremos regenerar nuestros cerebros 147
Hacer crecer órganos con grafeno y células madre 148
El día en que alguien pueda *hackear* nuestra mente 151
El mundo de la cultura y el cambio de *chip* mental 154

8. Robots: Más humanos que los humanos 157
Robot, el mejor amigo del hombre 159
Duelo de titanes: Atlas contra Valkyrie 162
El trial del siglo, primera competición robótica 164
Robots asesinos 166
Robots creados a nuestra imagen y semejanza 168
Google apuesta por la robótica 169
¿Tienen orgasmos los robots? 171
¿Qué podrán hacer los robots? 173

9. Inmortalidad: El día después 175
Un futuro que puede ser desesperanzador 177
Fukuyama contra la idea más peligrosa del mundo 180
La guerra de las galaxias de Hugo de Garis 181
El día que despertemos siendo inmortales 182
Ventajas de la inmortalidad 187
¿Dónde está la consciencia? 189
La consciencia opera en la frecuencia cuántica 190
Algoritmos y consciencia 192
Un Universo con espacio, tiempo, masa, energía
y consciencia 193

**10. Un Universo con millones de posibilidades
para ser inmortales** 197

El misterio más grande jamás narrado: somos información .. 199
La muerte, una ilusión creada por la consciencia 202
¿Vivimos en una simulación informática? 204
¿Quién nos asegura que no estamos en un multiverso
simulado? 206
Una cosmología inquietante 207
¿Existe una resurrección cuántica? 209
¿Somos un holograma? 209

**11. Año 2045. Adentrándose en el corazón
de las tinieblas** 213
¡Bienvenido al futuro! Está usted en un mundo conectado .. 215
Una improvisada lección de prospectiva 217
Unas predicciones cronológicas con trampa 220
Una prospectiva a corto plazo 224
Un presente en dolorosa transformación 226
Más rápido que su sombra 228
Top Secret: Lockheed, Nasa y Google tienen un
ordenador cuántico 229
Escenarios hipotéticos y cibermundo feliz 231
El nuevo paradigma de la física 232
Del dinero virtual al bitcoin, y la compra de un ternero
en reales 234
Cuando el sistema conspira contra nosotros: *Minority
Report* 236
Ciberguerra y Ciberespionaje 238
El conocimiento: no memorizaremos, descargaremos 240
La encrucijada evolutiva 242
Grafeno en el espacio, el nuevo oro de «California» 243
Ellos, los no humanos de los exoplanetas 245
¿Cómo serán las ciudades en 2045? 247
Los *smart materials* 252

Epílogo 257
Anexo 261
Bibliografía 267

PRÓLOGO

A mediados de 2012 tuvo lugar una reunión discreta en una lujosa mansión de Silicon Valley, en ella estaban presentes las mentes más brillantes en tecnologías emergentes, todos multimillonarios con un incuestionable poder económico. No eran los miembros de la Trilateral, ni del Club Bilderberg, ni del Club de Roma, ni la Fundación Rockefeller. Eran más jóvenes y les unía una idea común: ser inmortales.

Estaban Dmitry Itskov, magnate ruso de la información; Peter Diamandis, cofundador de la Universidad de la Singularidad y propietario de grandes empresas espaciales; Richard Branson, propietario de Virgin y 360 empresas más; Sergey Brin y Larry Page, cofundadores de Google; Raymond Kurzweil, cofundador de la Universidad de la Singularidad y director de Ingeniería de Google. Este último explicaba los pasos del gran megaproyecto que iban a iniciar, y al que más tarde se unirían o secundarían Bill Gates, fundador de Microsoft; Jeff Bezos, fundador de Amazon; Richard Dawkins, zoólogo y doctor en filosofía, líder del Transhumanismo; James Cameron, director de cine; Sir Roger Penrose, físico y matemático. Así como otros científicos de los que ya hablaremos.

En esta reunión se decidía poner en marcha un megaproyecto que les llevaría a la inmortalidad en el año 2045, como fecha límite. Esta es la versión de la leyenda que corre por Silicon Valley, posiblemente el encuentro no fue en este lugar, ni tampoco en esta fecha. Otros dicen que todo comenzó en 2007, en una reunión informal durante la boda de Brian en una isla de las Bahamas propiedad de David Copperfield. Lo que sí es cierto es que los citados magnates se reunieron para poner sus empresas y sus recursos económicos a favor de esta idea sin precedentes en la historia de la humanidad. Y la realidad de esta certeza es que el 23 de junio de 2013 hacían público en un congreso en Nueva York, Ray Kurzweil y Dmitry Itskov, el megaproyecto de la inmortalidad con el nombre de *Initiative 2045*.

La revista *Time* de septiembre de 2013 dedicaba un par de meses después del Congreso de Nueva York, la portada a este megaproyecto con el sugerente título de «Google apuesta por la inmortalidad». Es sorprendente que otros medios informativos no recabasen en el interés que tenía este megaproyecto, creo que no apreciaron la importancia del anuncio de la inmortalidad y lo consideraron como un objetivo poco probable, incluso *Time*, hablaba de un proyecto que iba en contra de la naturaleza humana.

Los impulsores de este megaproyecto tienen investigando para ellos a los mejores biotecnólogos, médicos, ingenieros, físicos e informáticos. Sus empresas son las que más beneficios generan y las que más ideas vanguardistas crean. Patrocinan universidades, tienen clínicas y hospitales, laboratorios de neurociencia y medicina regenerativa, dominan el sector de la informática, computación y cibernética, sus empresas son de robótica avanzada, tienen sus flotillas de aviones y suministran con sus cohetes y transbordadores cargas a la estación espacial ISS de la NASA. Son altruistas y filántropos, tienen en común sus regímenes alimenticios, su especial atención a su salud y su laicidad.

Disponen de los medios y sus grandes fortunas financieras para poner en marcha este megaproyecto tan ambicioso y comparable al proyecto Manhattan o Apolo. Pero ahora no se trata de construir ningún artefacto bélico, ni de alcanzar la Luna, se trata de conseguir la inmortalidad, de construir avatares a los que puedan ser transferidos los cerebros humanos.

Los impulsores de *Initiative 2045* están cambiando el mundo con las nuevas tecnologías que emergen de sus laboratorios. Han transformado la sociedad con internet, Google, Facebook, Twitter, iPod, Smartphone, etc. Han aportado grandes avances en medicina, biomedicina y tecnomedicina. Tienen el poder tecnológico en sus manos y consideran que lo más importante en la vida es que esta perdure, quieren vivir eternamente y por ello quieren ser inmortales.

En este libro vamos a explicar esta carrera por la inmortalidad, un proyecto que para algunos es una conjura de unos poderosos magnates, para otros un desafío a la ley de su Dios, y para otros la más fantástica aventura que emprende el ser humano, pero también el más inquietante y controvertido megaproyecto de la mente humana. Un megaproyecto que puede derivar en terribles enfrentamientos o consecuencias imprevisibles, pero que sobre todo será el inicio de una nueva civilización de seres inmortales.

INTRODUCCIÓN

Estamos a un paso de la inmortalidad, nuestros hijos tal vez serán los últimos mortales. Es un acontecimiento revolucionario al que los medios informativos prestaron poca credibilidad, sólo *Time* se atrevió a dedicar su portada con el sugerente título de «Google apuesta por la inmortalidad», sabiendo que Google es una de las empresas más poderosas del mundo en manos de sus cofundadores Sergey Brin y Larry Page.

¿Quiénes son los que se han lanzado a poner en marcha este megaproyecto de la inmortalidad? Para sus detractores un grupo de nuevos multimillonarios, vegetarianos y ateos, manipulados por un gurú (Ray Kurzweil) que consume 120 pastillas al día para producir un «puente» que lo mantenga con vida entre hoy y el año 2045. Para sus defensores forman parte de la generación más altruista y filantrópica de la historia, son los impulsores de la tecnología emergente, y también, las mentes más perspicaces del planeta.

Es cierto que son multimillonarios, pero sus objetivos no son enriquecerse, sino cambiar el agotado sistema político-social y buscar soluciones a la degradación del planeta. No se pueden calificar de vegetarianos, sino de individuos que cuidan su salud con un cambio de hábitos alimenticios, saben que han heredado un patrimonio genético y quieren conservarlo en buen estado, por ello no comen alimentos tóxicos, no beben ni fuman. ¿Son ateos? Digamos que agnósticos y laicos, ya que muestran gran interés por la espiritualidad y la consciencia.

Todos ellos tienen en común que quieren ser inmortales, por ello han puesto en marcha *Initiative 2045* respaldada por su poder económico, sus medios tecnológicos, sus laboratorios de biotecnología y medicina regenerativa, sus hospitales y clínicas. Un megaproyecto que podían haber mantenido en secreto pero que, sin embargo, hicieron público en Nueva York en junio de 2013.

Sus laboratorios no son los únicos que trabajan en la idea de detener el envejecimiento en el ser humano. Hay quienes investigan por su cuenta como Craig Venter en su empresa Synthetic Genomics, u otros en el Japón o Rusia. En estos instantes cientos de laboratorios e instituciones están trabajando en investigaciones que intentan alargar la vida humana indefinidamente. Cualquier día nos pueden sorprender con un nuevo tratamiento, con un elixir o una tecnología que nos permita vivir un número indefinido de años. Consecución de que esto es una realidad, lo evidenciamos en la cantidad de encuentros, simposios, conferencias y congresos que se han celebrado, a lo largo de 2013, abordando proyectos, debatiendo problemas éticos y morales, y detallando la situación en la que se encuentra este campo de la investigación.

En el capítulo primero realizaré un breve recorrido por la historia de la lucha contra la muerte a lo largo de nuestra civilización. Se trata de mostrar al lector que alcanzar la inmortalidad ha sido algo que ha estado presente siempre en el ser humano, y que, mientras a lo largo de los siglos ha sido una utopía cargada de leyendas y mitos, ahora se ha convertido en una realidad.

En el capítulo segundo hablaré de los protagonistas que han osado públicamente decir que quieren ser inmortales y se han lanzado a conseguirlo. También de las virtudes de las generaciones que han formado cuyos valores son completamente distintos a los de las generaciones anteriores. El tercer capítulo es una retrospectiva de cómo se inició modernamente la búsqueda de la inmortalidad. Una breve historia de la criogenización y mi anecdótico encuentro con Salvador Dalí, candidato a la congelación prolongada.

En el cuarto capítulo entramos de lleno en el megaproyecto *Initiative 2045*, explicando quiénes son sus promotores y lo que se está ejecutando. El intricado complejo de sus empresas en las tecnologías más punteras, así como sus centros de investigación en clínicas, hospitales, laboratorios y universidades. También abordaremos las características de los avatares, su producción y sus fases de creación. Así como algunas tecnologías y estrategias que se investigan para transferir la mente humana a ellos.

El quinto capítulo está dedicado a la alimentación y la necesidad de un cambio de hábitos. Si se quiere vivir el mayor tiempo posible tenemos que poner algo de nuestra parte. Y ese algo son dietas que han recomendado los mejores especialistas del mundo. Este capítulo no es un simple recetario, es una explicación clara y científica de porqué tenemos que dejar de comer determinados alimentos y centrarnos en otros. Indiscutiblemente es la dieta que llevan los impulsores de *Initiative 2045*. Un dieta especial que facilite el tránsito hasta el 2045 con unas buenas facultades fisiológicas y mentales.

El siguiente capítulo, el sexto, está dedicado al *antiaging*, distinguiendo entre los procedimientos para embellecer nuestra imagen y los procedimientos interiores para evitar el envejecimiento biológico en nuestro cuerpo y mente. Veremos cómo, en ocasiones y para algunas personas, la transformación de su imagen externa actúa psicológicamente en su bienestar interior, en su inmunología y sistema nerviosos. Pero también concluiremos que no solo es importante cuidar la parte externa, sino también nuestra salud interior. También abordaremos los tratamientos del Instituto Frontier, líder en antienvejecimiento y prolongación de la vida, sede del doctor Grossman unido al proyecto *Initiative 2045*.

En el capítulo séptimo vamos a realizar una incursión en los laboratorios, de todas las disciplinas, que están trabajando para alargar la vida. Veremos hasta donde han llegado y cuáles serán sus próximos pasos. Nos sorprenderán nuevas tecnologías aplicadas a la medicina regenerativa, como es el caso de las impresoras 3D. Y las perspectivas de la nanotecnología y la importancia que tendrá el grafeno.

El capítulo octavo está centrado en la tecnología robótica, un sector en el que Google ha volcado parte de sus recursos económicos dada sus implicaciones en la creación de avatares.

El capítulo noveno nos lleva a replantear nuestra sociedad ante una civilización de inmortales. Si en el 2045 vamos a alcanzar la inmortalidad, hay que adelantarse a los problemas que este acontecimiento va a crear. Se trata de realizar un *brainstorming* sobre el futuro que viene. ¿Quién tendrá derecho a la inmortalidad? ¿Cómo será una sociedad en que algunos son inmortales? ¿Qué problemas éticos y morales puede ocasionar? También abordaremos el tema de la consciencia, muy presente en *Initiative 2045* a través de Roger Penrose.

En el capítulo décimo entramos en las más sorprendentes teorías sobre nosotros y el Universo. Teorías relacionadas con la inmortalidad. Y finalizaremos explicando cómo será el año 2045 según las *think tank*, un ejercicio de prospectiva que nos acercará a los hipotéticos escenarios con los que nos enfrentaremos antes y en la fecha de la inmortalidad.

La muerte ya no se considera un hecho final, y como destaca Eduard Punset, no hay ninguna razón que diga que tengamos que morir. Si es así, morimos en una forma material, para sobrevivir en otra energética. Tal vez nuestra información tendrá acceso a otros universos paralelos o, tal vez, se expandirá por el espacio.

No nos anestesiemos. No hablamos de la muerte porque la tememos, porque la huimos, y la única forma de vencerla es pasando a través de ella. Afrontemos una realidad para ver otras posibilidades. Las que nos han mostrado hasta ahora no nos convencen, ni el cielo cristiano ni judaico, ni el paraíso mahometano, ni las reencarnaciones orientales. Tenemos que aceptar que son indemostrables, por tanto hay que analizar los hechos en busca de otras posibilidades, otras interpretaciones, aunque se desencadenen momentos perturbadores. La única realidad se demostrará con individuos que alcancen 150, 200, 500 o 1000 años.

Destacan los psicólogos transpersonales que si fuéramos conscientes de nuestra hora final, terminaríamos angustiados. Por esta razón los *yoes* interiores nos distraen de esta realidad, nos mantienen dormidos. Dice Ken Wilber que para transcender el terror de la muerte se debe transcender el yo. Creo que para trascender la angustia vital a la muerte hay que enfrentarse con ella, investigar, indagar y analizar, y tal vez descubramos que ni siquiera existe.

Todos buscamos algo inconscientemente, algunos no saben que, otros lo intuyen y experimentan un gran terror, solo unos pocos nos enfrentamos a esta realidad: buscamos el misterio de nuestra existencia y la respuesta de saber si hay otra vida. Hasta ahora estas respuestas sólo han sido solucionadas con una tenue fe en algunas creencias religiosas, una fe en la que muchos se aferran sin abrir la mente a otras posibilidades. Pero en todos subyace el final inexorable del que huye mentalmente como si evitando pensar en ello lo eliminásemos. Ese final en el que se recreaba Cioran en sus ensayos literarios cargados de desolación, angustia e incluso hastío por haber nacido.

Sólo el conocimiento puede aportarnos una salida al misterio de nuestra existencia. Y abogó por el conocimiento científico. Por otra parte a medida que amplias tus conocimientos te desplazas a niveles más profundos de la comprensión de la vida, de los valores, de la consciencia, del sentido de las relaciones...los pensamientos cambian y la mente, que es flexible, se transforma.

Capítulo 1

EN BUSCA DEL GRIAL DE LA INMORTALIDAD

*«Dios mío, guíame de la falsedad a la verdad.
Guíame de la oscuridad a la luz.
Guíame de la muerte a la inmortalidad».*
Mahatma Gandhi

«...adonde vayan mis cenizas no tiene ninguna importancia. Una vez que el cuerpo no tiene vida, no es nada.»
Paul Bowles autor de *El cielo protector*

«Nosotros fuimos lo que vosotros sois, y vosotros seréis lo que nosotros somos.»
En la entrada del cementerio de *Les Taillades*.

«Hoy yo, mañana tú.»
En la entrada del cementerio de Argel

El comienzo de la pesadilla: la muerte

A lo largo de toda la historia de la humanidad, el ser humano se ha enfrentado a la muerte tratando de retrasar este momento el mayor tiempo posible. Ha buscado fórmulas para no morir y ha creado leyendas y mitos que narran esperanzadores lugares a donde nuestra esencia, alma, espíritu o consciencia, irá a parar. Muchos de ellos ridículos paraísos infantilizados en los que son difíciles de creer con un razonamiento científico. Sin embargo, las religiones que son especialistas en condicionar cerebros, logran convencer a sus discípulos manipulados mentalmente, que sigan sus creencias ciegamente y por ellas son capaces de cometer los actos más deplorables. El siglo XXI no podía ser una excepción de esta lucha, en el que uno de los grupos de personas más poderosas de la Tierra, se ha lanzado a conseguir la inmortalidad a través de un megaproyecto conocido como *Initiative 2045*.

Antes de abordar quiénes son los componentes de *Initiative 2045* y qué fórmulas buscan para llegar a ser inmortales, vamos a realizar un breve e incompleto recorrido en la historia de la búsqueda de la inmortalidad a través de la oscuridad de los tiempos.

La muerte ha estado presente desde los orígenes de la vida en la Tierra. Durante muchos millones de años las especies fallecían y ninguna era consciente de lo que sucedía. Fue necesario un cerebro superior para empezar a comprender que los seres que nos rodeaban morían, quedaban inertes en un sueño profundo del que no despertaban mientras sus cuerpos se diluían en la nada. A veces la muerte llegaba en accidentes de caza o luchas defendiendo el territorio; otras veces eran simples infecciones que hoy la medicina moderna supera sin esfuerzo con un par de píldoras; pero, finalmente, los años y el cansancio llevaban a un final inevitable.

Un día, hace unos 100.000 años, el llamado hombre de *Neanderthal* decidió enterrar a sus fallecidos y hacerlo con cierto ritual. ¿Por qué? Creo que la aparición de los muertos en los sueños tuvo mucha influencia. Hombres y mujeres veían como alguien que había fallecido hacía tiempo venía a visitarles en su profundo mundo onírico, esto les hizo sospechar que había un más allá, que esos seres estaban en otro lugar... fue el nacimiento de los primeros mitos y creencias. Es difícil imaginar lo que pensaría un ser de hace cien mil años tras despertarse de una secuencia onírica en la que su padre o uno de sus hijos fallecidos se le aparecía como en una realidad cotidiana. Pero este hecho tuvo que ser muy impactante, especialmente para unos seres primitivos que cuando empezaron a dominar un lenguaje se transmitían estas experiencias nocturnas. Aún hoy existen tribus que, al despertarse por la mañana, se narran los sueños que han tenido, ya que el mundo onírico es tan real como el mundo en que sobreviven.

Aquellos hombres primitivos lucharon contra la muerte cuidando a sus ancianos, experimentando remedios con hierbas, plantas y hongos que veían comer a los animales. Era una farmacopea primitiva que formaba el primer enfrentamiento para prolongar la vida. Fue en este legendario mundo donde aparecieron los chamanes con sus curas milagrosas y sus «viajes» al más allá. Indudablemente las drogas, alucinógenos o enteógenos tuvieron mucho que ver en la relación del hombre con el más allá y la lucha para perpetuarse en el mundo que les rodeaba.

Sumerios y acadios aportan las referencias escritas más antiguas sobre la muerte. Más de 4.000 tablillas de arcilla escritas en textos cuneiformes hablan de lo que para esta primera civilización significaba la muerte, un mundo de tinieblas por el que había que transitar, un lugar sin esperanzas, un rincón de la nada de dónde no hay regreso. El héroe central de sus relatos es Gilgamesh, era un mortal que no se resignaba a morir y clamaba: «¿Debo resignarme a quedarme enterrado y no volver a levantarme nunca más?». En estas narraciones épicas encontramos una de las primeras historias que tienen que ver con la reencarnación, o más bien el regreso de los muertos. El héroe Gilgamesh dispone de un caldero mágico cuyo contenido resucitaba a los guerreros muertos. Un curiosa historia que, tal vez, inspiró al célebre caldero de Asterix y Obelix y su poción mágica. También encontramos el largo viaje de Gilgamesh para encontrar a Utnapishtim, único mortal que había alcanzado la inmortalidad.

Todas las civilizaciones han aportado en sus mitologías historias de seres inmortales. En la India se habla de Hanuman, un mono inmortal. En China estaba Yi, que buscó desesperadamente el elixir de la vida, una poción mágica que convertía en inmortales a los que la consumían. También en China se menciona a los ocho inmortales que, según los taoístas, lograron alcanzar la inmortalidad al alcanzar la más perfecta esencia de su ser. Ya más recientemente mandarines de China, obsesionados por historias que aportaban los viajeros, enviaban a sus súbditos en busca de supuestas plantas de la inmortalidad, o aguas subterráneas cuya ingestión convertía a los mortales en inmortales.

Egipto: donde se empieza a negar a la muerte

Fue, sin embargo, en Egipto donde el hombre aprendió a negar a la muerte. La obsesión de sus sacerdotes y faraones les llevó a edificar toda una civilización basada en el viaje que el ser humano debía realizar tras la muerte. El tránsito hacia el más allá está descrito en su célebre *Libro de los muertos* o *Texto de las pirámides*, con un contenido semejante al *Libro tibetano de los muertos*, el *Bardo Thodol*, que explican el proceso post-mortem y sus fases. Obras que recomiendo por su interés a todos mis lectores.

Es en Egipto donde nace el concepto de alma, Ba, el espíritu era conocido con el nombre de Akh, y el principio Ka, representaba la eternidad recibida por el hombre mucho antes de su concepción, un atributo que le garantiza la inmortalidad.

Rejuvenecer es algo que también aspiran los habitantes del Antiguo Egipto, por lo menos eso es lo que describe el papiro Edwin Smith, de principios del tercer milenio a.C., del que se encontró una copia del siglo XVII descubierta en 1862 en una tumba tebana. El citado papiro contiene un rito esotérico para transformar un viejo en un joven de 20 años. Lamentablemente sólo es eso, un rito esotérico sin ningún rigor científico.

Todas las civilizaciones y pueblos que siguieron a los egipcios han persistido en una búsqueda de la inmortalidad. Los druidas creían en la inmortalidad del alma o el espíritu que anidaba en el interior del cuerpo. El cristianismo ha mantenido que el ser humano está dotado de un cuerpo y un alma, y que esta última perdura eternamente en el cielo o en el infierno; incluso anuncia una resurrección de todos los muertos. En el judaísmo las almas de los muertos están a la espera del *olam haba*, un mundo futuro en curso de construcción por la aplicación de los *mitzoh* o los mandamientos. En el islamismo se cree que habrá una resurrección física al final de los tiempos y el más allá es un paraíso. En otras filosofías, como el budismo, la reencarnación es contemplada como una rueda en la que estamos inmersos. Igualmente se cree en esa reencarnación en el hinduismo, jainismo o sintoísmo.

También encontramos fascinantes historias de seres humanos que han regresado de la muerte, que han visto el túnel luminoso, que se han visto a sí mismos tumbados en el asfalto. De hecho, entre todos esos regresos el más enigmático es el del personaje bíblico Lázaro, porque, después de resucitar no cuenta nada, no explica nada, ni narra nada de lo que vio en el otro mundo.

La parca y su ominosa guadaña

Toda nuestra civilización ha estado colmada de personajes a los que se les atribuía dones de inmortalidad. Mitos como las Hespérides, Asclepio, Glauco de Antedor o el judío errante. Los alquimistas buscaron en sus laboratorios no sólo la transformación de los metales en oro, sino la inmortalidad. Así surgieron leyendas de alquimistas inmortales como Saint Germain, Cagliostro, Fulcanelli o Nicolas Flamel. Los hombres del medioevo eran más conscientes del irremediable final que era la muerte, tal vez, porque vivían expuestos a ella todo el día, y no había jornada en la que no se lamentasen de la pérdida de alguien de su entorno. Fue por aquellos tiempos cuando Francesco Traini en 1350, época de la muerte negra, pintó en los muros del Campo de Pisa, una nueva personificación de la muerte. Prescindió del esqueleto convencional y la configuró en una anciana de negra capa, cabellos sueltos y ojos desorbitados, que empuñaba una ominosa guadaña de ancha hoja.

La literatura de los siglos XIX y XX nos propició narraciones con seres inmortales o resucitados como *Frankenstein* de Mary Seller, *Drácula* de Bram Stoker, el *Inmortal* de Jorge Luis Borges, *Fausto* de Goethe, *El retrato de Dorian Gray* de Oscar Wilde.

Los vampiros ha sido la tradición más antigua de relatos seres inmortales, existen miles de tradiciones que utilizan la muerte como método para evitarla. Beber la sangre de las víctimas o comerse su corazón se creía que era la fórmula para vivir más años. La condesa húngara Erzsébet Bathory (1560-1614) asesinó a lo largo de su vida a 650 doncellas, tras lo cual les sacaba la sangre y se bañaba en ella. De este modo creía poder conservar su belleza y juventud para siempre. Ha pasado a la historia como «La condesa sangrienta», y no ha vivido más que cualquier otro mortal.

Pese a este despliegue de imaginación los novelistas siempre han sido conscientes de que sus personajes eran mortales y terminaban por darles un final tarde o temprano. Conan Doyle, por ejemplo, mató a su personaje favorito Sherlock Holmes en *El problema final* haciéndolo que se despeñara junto al profesor Moriarty, su eterno enemigo, en las cascadas suizas de Reichenbach.

La muerte ha sido un tema que ha preocupado a los escritores, que tal vez han sido los más conscientes de su irremediable final. Algunos muy insistentemente como Cioran entregándose a las voluptuosidades de la angustia del final. La cinematografía también se ha hecho eco de la inmortalidad en su más brillante film sobre el tema: *Zardoz* de John Boorman con su burbuja «El Vortex» donde los inmortales viven ajenos al mundo de los mortales, liderado por Sean Connery, que combaten entre sí, una historia que podría convertirse en realidad. También cabe citar *Los inmortales* de Russell Mulcahy. La cinematografía está plagada de seres inmortales como los elfos de la Tierra Media, *Matrix*, *Highalader*, *Lobezno*, *Peter Pan*, *Merlín* e incluso el cruzado que guarda el Santo Grial en una de las aventuras de Indiana Jones.

También ha habido quien han abordado el tema con resignación y humor. Así, para Alan Watts, la muerte era el orgasmo supremo. El incomparable Groucho Marx nos deleitaba en aquella escena que tomaba el pulso a un individuo muerto y anunciaba: «O este hombre está muerto, o mi reloj se ha parado». Paul Scarron destacaba «Yo lego todos mis bienes a mi esposa a condición que ella se vuelva a casar. Así habrá, por lo menos, un hombre que lamentará mi muerte». Woody Allen, el ateo que siempre ha dicho que no se esconde y admite que teme ese irremediable final bromea destacando: «El día de mi muerte intentaré no estar allí». Sébastien-Roch Nicolas siempre decía: «¿Para qué tenemos que aprender a morir? Lo hacemos muy bien la primera vez». Edmond de Goncourt se preguntaba y se respondía a sí mismo: «¿Qué es la vida?: el usufructo de un conjunto de moléculas».

El azar de no haber estado en el lugar inadecuado en el momento inoportuno

Destaca el científico Stephen Jay Gould que «la supervivencia y la extinción no están determinadas por la mejor o peor adaptación de las especies, fue más una lotería a gran escala que una carrera dónde vencían los rápidos y potentes». La moderna mecánica cuántica considera todo el Universo dentro de un complejo mundo de azar y probabilidades.

Nuestra aparición en el mundo ha sido una cuestión de azar y probabilidades, hemos realizado una carrera entre 400 millones de espermatozoides y hemos ganado, lo que nos ha dado la oportunidad de nacer. Hemos vencido en una carrera donde teníamos una probabilidad entre cuatrocientos millones, en realidad es más fácil acertar la lotería Primitiva. Pero somos unos vencedores, aunque existan algunos que no han aprovechado para nada esta oportunidad, y otros que los observas con compasión y no comprendes cómo han podido sobrevivir hasta ahora.

La vida es un viaje con una duración indeterminada e ilimitada. Un viaje para algunos prolongado y para otros efímero. La duración del recorrido depende de nuestros compañeros de viaje: internos, externos y del azar y la suerte.

En el azar intervienen muchos factores: el lugar en que hemos nacido, los cuidados que hemos recibidos en nuestra infancia, los conflictos armados en los que nos vemos inmensos, la alimentación y, muy especialmente, la suerte de no estar en el lugar inadecuado en el momento inoportuno.

Respecto a nuestros compañeros de viaje los hay internos y externos. Internos como los genes que, egoístamente, determinan las características para que podamos sobrevivir, mejor dicho, para que ellos puedan perpetuarse, aunque en ocasiones se equivocan y crean personas anómalas. Otras veces entre sus cadenas génicas se cuela una enfermedad que afectará a nuestro viaje o pondrá un fin del trayecto en un momento demasiado temprano.

En cuanto a nuestras neuronas, el 50% nace con instrucciones para hacer funcionar al viajero, respirar, circular la sangre, moverse, etc. El otro 50% aprenderán de la información que le suministran nuestros sentidos. Pero, en el fondo, a ninguna de estas neuronas le importa lo más mínimo quiénes somos.

El viaje es una continua lucha con los «compañeros» externos, contra los gérmenes, los virus, las bacterias, las infecciones que transitan por nuestro camino. Contra estos enemigos sólo disponemos de los anticuerpos o inmunoglobulinas que los neutralizan cuando su ejército no los sobrepasa, de lo contrario estamos expuestos a la enfermedad. Los anticuerpos, sea dicho de paso, tampoco saben quiénes somos y sólo se interesan en neutralizar a los intrusos que ponen en riesgo su hábitat. Como diría Carl Sagan, «somos el resultado de las interacciones de un complejísimo conglomerado de moléculas».

La sociedad occidental no se enfrenta a la realidad de su irremediable final, rehúye el tema de la muerte y prefiere no pensar en ella, pero tarde o temprano se tiene que enfrentar, porque, por ahora la muerte es lo único seguro que tiene la vida. Sin embargo rehuimos esta realidad que al tratarla nos angustia y nos atemoriza. Destaca Harold Bloom que: «Lo que mejor define nuestros días y nuestras noches es el trauma: miedo a la falta de amor, a la privación, a la locura y a lo ineludible de la muerte», y Ernst Jünger advierte que: «Inmediatamente antes e inmediatamente después de ese momento (la muerte) se producirán muchos acontecimientos inquietantes».

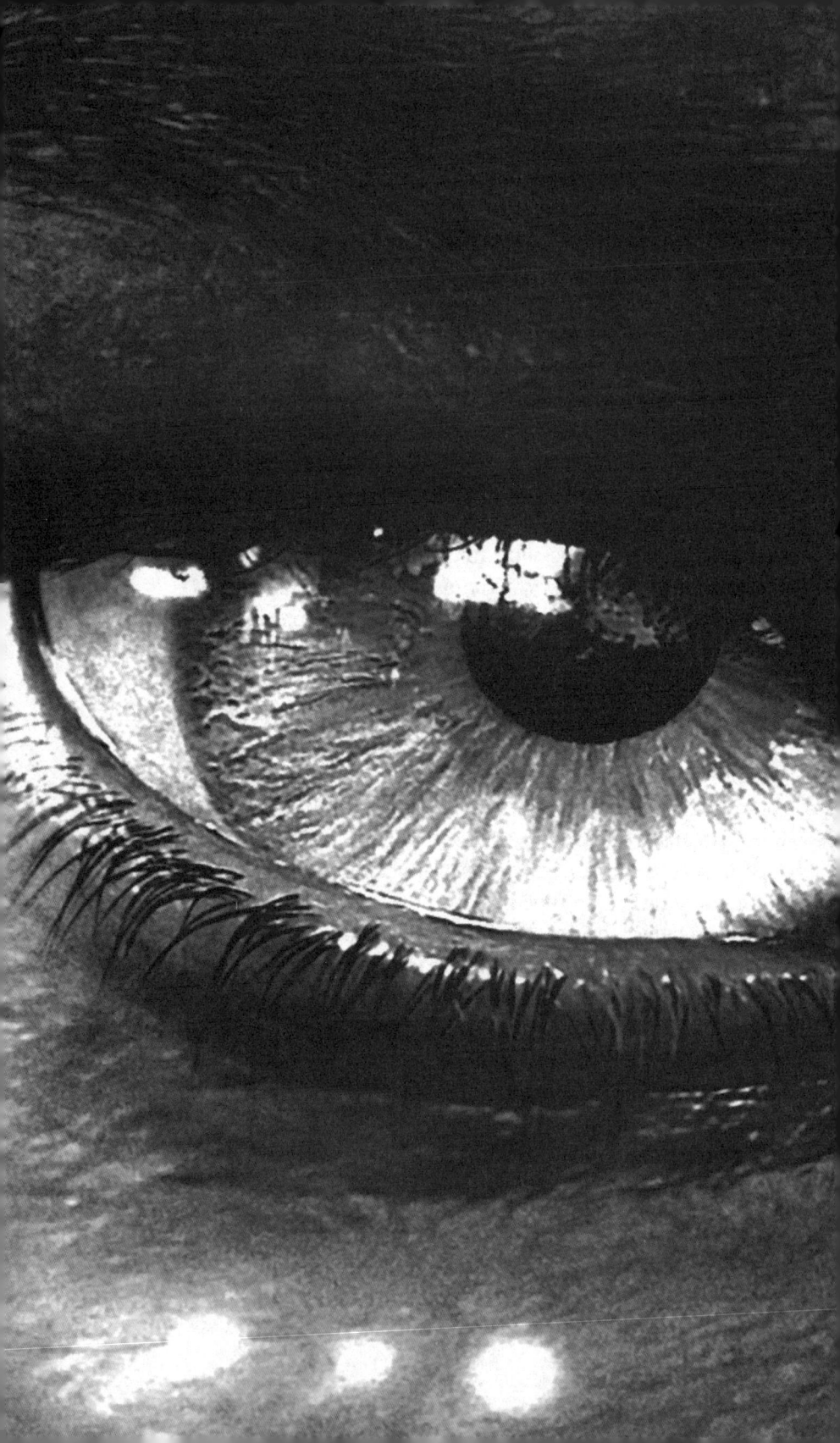

Capítulo 2

SÍNDROME DE ETERNIDAD

«El periodo de evolución inconsciente ya casi ha terminado, llegamos a una nueva era, una etapa de la evolución controlada.»
Dmitry Itskov

«Hemos de llevar a cabo este experimento – la inmortalidad - con pleno sentido de la responsabilidad y respeto por la vida que no sólo beneficiará a la humanidad, sino que beneficie a otros.»
Dalai Lama

Emprendedores e innovadores

Son la última generación expuesta a morir, sus hijos superarán este inconveniente, son los jóvenes emprendedores de hoy, protagonistas del futuro como fueron sus predecesores.

Esta generación de emprendedores y creadores de sueños es la generación del nuevo paradigma, están cambiando el mundo con sus ideas más controvertidas y locas, pero de las que surgen las más brillantes tecnologías para vivir mejor y para disfrutar de una vida más sana. Hace sesenta años ningún empresario habría apostado por ellos. ¿Cómo te podías fiar de un joven en pantalones vaqueros descosidos y rasgados, camisas o camisetas con lemas y que nunca usaban corbata? Ahora estos jóvenes desconfían de aquellos que les reciben en lujosos despachos tras una majestuosa mesa con trajes impecablemente planchados y corbatas de seda. Sus mentores son ellos mismos, algunos ya adultos pero con el espíritu de siempre.

Esta generación viste informalmente porque cree que lo importante no es el envoltorio, sino lo que bulle en el interior de sus cerebros. El viejo refrán de «tratarás al paje según su indumentaria» carece de sentido en jóvenes emprendedores que lucen en sus camisetas lemas como: «La cuestión no es solo hacer dinero», «No es que tenga déficit de atención, es que no me interesa lo que me explicas», «Vamos a cambiar el mundo creando cosas nuevas», «La clave está en la tecnología y la cultura», «El fin está cerca», «Gana terreno la tecnología que desata nuevas experiencias», «Lo importante de la innovación es el equipo que tengas y como la ejecutas», «No hay sueños irrealizables», etc.

Su filosofía de la vida es innovadora y radicalmente opuesta a la de las viejas generaciones. Ya no se trata solo de producir dinero, sino de desarrollar ideas en un trabajo donde compartas un ambiente agradable; y sobre todo, que esas ideas sean en pro de la humanidad. Existe en esta generación de jóvenes innovadores un ansia sin límites por cambiar un mundo que no comparten, en realizar cosas nuevas, en desterrar viejas costumbres, en investigar para innovar y vivir mejor. No nos engañemos, son jóvenes que pasarán a la historia y se comerán el mundo.

Sus innovaciones están transformando los viejos hábitos cotidianos. Viven pendientes de sus agendas hiperconectadas que les permiten estar en contacto con sus amigos y amigas, intercambiar noticias, estar al corriente de lo que sucede en su especialidad y en el mundo. Así que tuitean continuamente, intercambian mensajes por Whats App, comunican por Foursquare donde están o adónde van, comparten información del tráfico, acuerdan puntos de encuentro para que otros les lleven en sus vehículos, se recomiendan empresas, médicos, museos y lugares que les gustan. Fotografían imágenes cotidianas chocantes y las cuelgan en sus pantallas para que todos las vean. Se realizan favores entre ellos desinteresadamente. Los emprendedores mejor situados ayudan a las generaciones siguientes para mantener el mundo futuro que están creando. Es una filosofía muy distinta a la de sus antepasados, autoritarios y esquivos para compartir sus conocimientos, poco amigos de ayudar a sus semejantes, faltos de solidaridad y cuyo valor más importante era el dinero.

Estos nuevos emprendedores no creen en la mayoría de los políticos que nos gobiernan o aspiran a gobernarnos. Apuestan por nuevas fórmulas de gobernar más participativas. Son los que se inclinan por las Noocracias, sistemas políticos en los que participan todos a través de internet, en los que cualquier decisión del gobierno es sometida a referéndum, como en Suiza. Un sistema en el que la Red facilita que se produzcan referéndums cada semana y que el ciudadano intervenga sugiriendo proyectos de ley. Esto evita compromisos ideológicos con partidos políticos.

Son jóvenes que practican la razón y el humanismo, la mayor parte agnósticos y ateos. No necesitan una religión para ser solidarios, para amar a los animales, para tener su propia espiritualidad. No creen en mitos ni leyendas.

No debemos confundirlos, hay una juventud que utiliza los medios tecnológicos actuales y no es emprendedora. Debemos distinguir entre los que están en el sector de las nuevas tecnologías y los que se limitan a usar esas tecnologías. Los primeros son los creativos y emprendedores que están cambiando el mundo con sus ideas. Los segundos son los que se limitan a utilizar, sin comprender bien la tecnología que han desarrollado los primeros. Los primeros son emprendedores y triunfadores que viven de lo que inventan, los segundos son consumidores, meros utilizadores de una tecnología que desconocen pero que utilizan. Unos cambiarán el mundo, otros tratarán de sobrevivir en él.

Los nuevos emprendedores, aunque a muchos adultos les cueste comprenderlos, es una generación sana, creadora, audaz y solidaria. Usan las nuevas tecnologías que ellos han creado por comodidad, están cambiando el mundo y los hábitos de una sociedad que se estaba agotando. Personalmente, aunque he llegado a la tercera edad, quiero estar con ellos porque estoy más cómodo, porque comparto y acepto su forma de pensar, porque defiendo sus valores y el cambio de paradigma que están realizando. Prefiero estar en una mesa con esta juventud emprendedora hablando de sus proyectos y tratando de entender su jerga lingüística, que jugando al dominó o a las cartas con personas ancladas en el viejo paradigma, que sólo saben hablar de sus recuerdos del pasado o de sus dolencias del presente.

Silicon Valley: el germen donde empezó todo

Los precursores, más adultos de esta generación actual se formaron en Silicon Valley, a 70 kilómetros al sur de San Francisco, California. Una zona que engloba ciudades como San Mateo, Fremont, Palo Alto, Santa Clara, San José, Edenvalo, Belmont, Cupertino, Menlo Park, Mountain View, Newark. Es el lugar del mundo donde se desarrolla la más alta tecnología, una ubicación líder en innovación. Asiento de importantes universidades. Así, en el lado opuesto de la Bahía de San Francisco está la prestigiosa Universidad de Berkeley, y en la zona del Silicon Valley están las universidades de San José, Santa Clara y Stanford.

Hoy, los jóvenes de los que he hablado antes, se forman en este centro neurálgico de alta tecnología, igual que se formaron los precursores creadores de todos los adelantos tecnológicos y médicos que disfrutamos ahora.

En Silicon Valley nacieron las ideas más controvertidas y locas. Nacieron empresas como Google y Apple, y se acomodó Facebook. Es el lugar del mundo donde emergen las nuevas revoluciones, lo que se denomina *the next big thing* (el próximo gran pensamiento).

Silicon Valley cruza Menlo Park, sede de Facebook; Palo Alto, sede de la Universidad de Stanford; Mountain View, cuartel general de Google. En Cupertino está la sede de central de Apple. Silicon Valley es el lugar en que más se invierte en tecnología del mundo. La velocidad a la que van las ideas es increíble y de un fiero cariz innovador. Es una zona que fue impulsada por el Gobierno Federal durante la Segunda Guerra Mundial, para la fabricación de microchips para sus misiles. Aún están las instalaciones de militares de Lockheed Martin, el gigante del armamento.

Han sido sus estudiantes los que desarrollaron este valle, los que en garajes empezaron a trabajar en sistemas informáticos, computación y programación. Hoy poseen modernos edificios donde el personal trabaja a su ritmo, sin presiones, sin jefes inoportunos. En esos inmuebles se piensa, se dan ideas, se crea. Todo sin presiones en un ambiente agradable que facilita la creatividad. Los trabajadores de estas empresas tienen como principal herramienta sus cerebros. Lo importante son las ideas, cuanto más extravagantes mejor. Así no importa que alguien desarrolle un chip que mida la atención del cerebro y que permite captar señales eléctricas a través de un biosensor instalado en la frente del usuario, o una almohada inteligente que mide la calidad del sueño, artículos que Naurosky ha colocado en el mercado. Lo importante es la innovación, la idea y su desarrollo.

Los precursores: hacer realidad la ciencia-ficción

Los precursores son los que en la actualidad están implicados en los proyectos relativos a la búsqueda de la inmortalidad. Son geniales, audaces, aventureros, quieren vivir eternamente y disponen de todo el dinero necesario para conseguir este objetivo.

Forman parte de la generación anterior a la de los jóvenes emprendedores de hoy a los que ayudan y escuchan, ya que son los que seguirán construyendo el mundo que están erigiendo entre todos. Tienen un especial empeño en crear un mundo mejor, diferente al que heredaron con viejos y caducos valores. Son solidarios con los jóvenes actuales y aceptan todas las ideas que les proponen, porque ya no les interesa ganar dinero, sino satisfacer las mentes y adquirir nuevos conocimientos.

En esta parte del libro veremos quiénes son y qué piensan, sin abordar los grandes proyectos que están desarrollando que ya trataremos en próximos capítulos.

A estos precursores les unen ciertas características semejantes. Ante todo la idea de un proyecto común: la inmortalidad. Están entre las 20 personas más poderosas del mundo y sus empresas facturan billones de dólares. Presumen que sus objetivos nunca fueron ser ricos, pero todos son millonarios. Tienen una buena formación en las mejores universidades. Quieren cambiar el mundo en que vivimos y crear uno mejor, y para ello buscan soluciones a problemas que afectan al planeta. Creen que se deben desarrollar energías limpias y alternativas, de ahí su gran interés en el grafeno que están dispuestos a ir a buscar con sus naves y astronautas a los asteroides.

Todos son altruistas y filántropos con fundaciones que ayudan a mejorar la salud, para ello financian diversas y variadas investigaciones médicas, sin olvidar de becar a alumnos inteligentes de sus universidades. Todos practican dietas para cuidar su salud y han cambiado sus estilos de vida para que esta sea más sana, ya que quieren vivir eternamente, por eso su salud actual tiene que convertirse en un puente hasta que la ciencia pueda ofrecer la inmortalidad. Apoyan el transhumanismo y demuestran tener una gran espiritualidad, ya que creen en la necesidad de establecer un espíritu humano más elevado y sublime, pero son agnósticos o ateos en sus creencias, son una pesadilla para las religiones. Todos han sido galardonados por sus trabajos de investigación. Todos son precursores de un nuevo paradigma en el que, ellos, ya están inmersos. Son visionarios, sedientos de conocimientos, con ideas y cierta locura por hacer realidad la ciencia-ficción.

No ocultan que quieren cambiar el mundo y así se lo expresaron al Secretario General de las Naciones Unidas, Ban Ki-moon, en una carta en la que le explicaron que estamos en el umbral del cambio global y que las crisis se están agudizando. Le recuerdan que existe un derroche de recursos y que cada día estamos contaminando más nuestro planeta. En varios párrafos de la carta, insisten, en el cambio que se avecina y le recuerdan que la sociedad está atravesando una crisis de valores, pero al mismo tiempo la ciencia está ofreciendo en sus investigaciones unas oportunidades sin precedentes. Dicen que ellos apuesta por buscar un nuevo modelo de desarrollo, un modelo capaz de hacer cambiar la consciencia humana y dar un nuevo sentido a la vida. Continúan asegurando que estamos en una nueva etapa de la evolución humana y que hay que realizar un esfuerzo en ayudar a evolucionar la consciencia humana.

Terminan planteando la idea de crear avatares, algo que consideran próximo dado el progreso de sus investigaciones. Están dispuestos a demostrar la veracidad de la tecnología avatar que han puesto en marcha en un megaproyecto, una nueva ciencia que será la base de una estrategia evolutiva de la humanidad con el objetivo de crear una nueva civilización.

Veremos seguidamente quiénes son estos precursores, una breve introducción a los personajes que están transformado el mundo. En el capítulo cuarto abordaremos más ampliamente sus historiales y poder económico, así como todo el proyecto *Initiative 2045*.

Craig Venter: a un paso de crear vida artificial

Craig Venter es un precursor del nuevo paradigma, uno de los mejores biólogos del mundo que está sorprendiendo constantemente con sus polémicos descubrimientos. No está implicado en los proyectos *Initiative 2045*, juega en solitario su partida de ajedrez, pero sus descubrimientos pueden ser vitales para todos. Venter, llamado el «chico malo» por sus colegas del mundo biológico, es duramente criticado por los conservadores, no por su arrogancia sin límites, sino por sus descubrimientos biológicos. Venter pasa de los comentarios y satiriza a sus rivales, incluso diríamos que tiene cierto grado de provocador cuando bautiza a su caniche con el nombre de Darwin.

No nos engañemos, Venter ha sido galardonado, en 2008, con el premio científico más prestigioso de América: La National Medal of Science Award. Y si no le han otorgado el Nobel, que él declara no importarle, es por las disputas y controversias que han causado sus descubrimientos y proyectos, entre ellos el denominado Regenesis que preocupó profundamente a los biólogos más conservadores, ya que se trataba de resucitar un neandertal con la ayuda de un ser humano femenino. Son estos proyectos lo que hacen que sus rivales lo califiquen de visionario.

Venter y su esposa Heather Kowalski, encargada de la publicidad de su marido, están instalados en La Jolla, en San Diego, California. Allí está Synthetic Genomics de Venter Incorporated.

Venter nació en 1946 y se licenció en bioquímica doctorándose más tarde en fisiología y farmacología. A través de su empresa Celera Genomics arranca por su cuenta, en 1999, el Proyecto Genoma Humano al margen del consorcio público. Venter descubrió por primera vez la secuencia completa del genoma de un organismo vivo, la bacteria *Haemophilus influenzae*. En el 2000 mapeó el genoma humano.

Presidiendo Craig Venter Institute y Synthetic Genomics, en 2010 creo una célula bacteriana con el genoma sintético o artificial la primera forma de vida: *Mycoplasma Laboratorium*.

En 2003 hizo un virus sintéticamente: *PhiX 174*. En 2008 sintetizó el genoma de una bacteria y en 2010 anunció que había conseguido la primera célula bacteriana sintética. Este descubrimiento puso en guardia al Vaticano que lo consideraba un salto hacia lo desconocido. Craig estaba a un paso de crear la vida artificial. Domenico Mogavero, jurista de la Conferencia Episcopal italiana destacó en el diario *La Stampa*: «El hombre procede de Dios, pero no es Dios (...) Es la naturaleza humana la que da dignidad al genoma humano y no lo contrario».

La célula creada por Venter no era valiosa en sí, pero significaba que se pueden crear células con genomas enteramente artificiales. ¿Había creado vida Venter? La realidad es que esta célula había sido sintetizada desde cero, hablando químicamente, desde un sentido matemático parte de su secuencia de ADN que estaba almacenada en un ordenador. Crear vida sería saber escribir genomas, cosa que sólo sabe hacer la evolución. Sin embargo, el paso dado por Venter significaba que tarde o temprano llegaremos a crear vida... sino se ha conseguido ya en un oscuro laboratorio militar.

En octubre de 2008, Venter anunciaba en *The Guardian* que su laboratorio estaba creando vida artificial. Luego vino el silencio, y Venter empezó a ser, curiosamente, apoyado por DARPA (Defense Advanced Research Proyects Agency).

Venter no es el único, existen muchos equipos de investigación en todo el mundo que compiten en la carrera por lograr vida artificial, ya que la síntesis biomolecular representa grandes beneficios comerciales. Por ejemplo se podría modificar cromosomas y crear niños resistentes al cáncer u otras enfermedades.

El objetivo de Venter es ir hacia la vida sintética, y sus últimas investigaciones se refieren a lo que denomina la «teletransportación biológica», un procedimiento que consiste en realizar una copia del ADN de un organismo en un lugar y que pueda ser enviado a otro lugar en el que se pueda recrear la forma de vida del organismo original. Un proyecto que está apoyado por DARPA (Defense Advanced Research Proyects Agency), es conocido como proyecto DBC, y se centra en la producción de ADN para ser utilizado como vacuna en los lugares que puede surgir una epidemia.

Muchos de los trabajos de Venter son refutados por los moralistas que ven en ellos un desafío a las leyes divinas. Pero ya lo dijo Edward Morin: «Los descubrimientos que entusiasman a los biólogos, preocupan y atemorizan a los moralistas». Venter, para quien la vida es un sistema software de ADN, destaca: «En el sentido más restringido, nos ha demostrado con este experimento que Dios no es necesario para la creación de una nueva vida». Una respuesta muy semejante a la Stephen Hawkin cuando destacó que Dios no era necesario para crear el Universo. Y mucho antes Laplace a Napoleón explicándole que para crear su sistema planetario no había tenido necesidad de utilizar la hipótesis de la existencia de Dios.

Con estos científicos y Richard Dawkins, la religión empieza a enfrentarse con una auténtica pesadilla que se acentuará con los proyectos de inmortalidad que ya están en marcha y son el tema central de este libro. La Iglesia cristiana, judía y el Islam debían de aceptar que el 80% de los científicos son ateos o agnósticos. Una realidad en un colectivo cada vez más racionalista, pero también, transhumanista y espiritual. Arthur Caplan, de la Universidad de Pensilvania, piensa que «los logros de Venter parecen acabar con el argumento de que la vida requiere de una fuerza o poder especial».

Dmitry Itskov: inmortalidad en un espíritu sublime

Dmitry Itskov es ruso, joven y multimillonario. Dueño de cadenas de televisión, radios y periódicos de Rusia. Es el principal impulsor de *Initiative 2045*, de la que hablaremos en los próximos capítulos. Itskov destaca que carecemos de algo que una a toda la humanidad, pero cree que el megaproyecto *Initiative 2045* servirá de inspiración a todos.

Itskov quiere vivir eternamente y está dispuesto a transferir su cuerpo a un avatar, aún con el riesgo de perder su identidad. Esta transferencia le permitiría vivir mil años, en un cuerpo que sólo tendría necesidad de energía.

Itskov no es sólo un aventurero dispuesto a arriesgar su pellejo como Indiana Jones por el nuevo Santo Grial. Es también un pensador con ideas muy concretas que puede permitirse el lujo de llevarlas a cabo. Itskov destaca que «el periodo de evolución inconsciente ha casi terminado, llegamos a una nueva era, una etapa de la evolución controlada».

Junto con una red llamada inmortal.me, Itskov ha puesto en marcha una Fundación benéfica llamada Future Global 2045, y una universidad de la inmortalidad con centros de investigación. Quiere construir el futuro de sus sueños, y puede realizarlo. A sus 25 años le pareció que su esperanza de vida, de unos 80 años, era insuficiente, y que el mundo era un lugar imperfecto. Dedujo que la mente debía evolucionar, pero se precisaban nuevos parámetros de lo que significa ser humano. Para alcanzar ese conocimiento se requería un mundo en el que la mayoría de sus habitantes no estuvieran consumidos por los asuntos fundamentales de la supervivencia.

Itskov, a sus 32 años, mantiene una estricta dieta sin carne, sin pescado y sin alcohol. Tampoco fuma y su objetivo es poder vivir hasta que la ciencia y la medicina, que apoya económicamente, lo hagan inmortal. Cree que conseguiremos la inmortalidad en tres décadas, en el 2045. Por esta razón está elaborando un ambicioso calendario para la transición a la «neo-humanidad».

Vive preocupado por la necesidad de remodelar la mente humana, ya que «la inmortalidad es un medio para transformar y mejorar la consciencia humana». Su objetivo es abrir el camino para preparar un espíritu humano más elevado y sublime. Cree que para conseguirlo hay que alcanzar estados superiores de consciencia a través de ejercicios de meditación y de respiración. No sólo está dedicando su tiempo a la búsqueda de la vida eterna, sino que piensa en la necesidad de erradicar la pobreza y el sufrimiento del mundo. Razón por lo que quiere cambiar y desea vivir para conseguir propósitos mejores en la vida. Itskov declara que «tenemos que demostrar que en realidad estamos aquí para salvar vidas, para ayudar a los discapacitados, para curar enfermedades, crear tecnologías que en el futuro nos permitan solucionar cuestiones existenciales, y que nos respondan a interrogantes como qué es el cerebro, qué es la vida, qué es la consciencia y qué es el Universo».

Destacaré finalmente que Itskov está a favor del transhumanismo, movimiento mundial del que hablaremos más adelante. Y por tanto es humanista y agnóstico o ateo.

Itskov pone mucho énfasis en la alimentación ya que esta afecta a la energía humana, y la duración de la vida depende de lo que ingerimos, su estado y cómo lo hacemos. Tal es la importancia que estos precursores dan a la alimentación, que he dedicado en este libro un capítulo completo, el quinto, a este tema en el que todos ponen especial énfasis e interés, y que resulta vital si queremos llegar a los cien años.

Vemos como, estos promotores de *Initiative 2045*, no sólo están interesados en la inmortalidad, sino que hacen gala de unos valore espirituales y de la necesidad de cambiar el mundo.

Raymond Kurzweil: 150 píldoras diarias

Si Itskov es el motor económico de *Initiative 2045*, Kurzweil es el gran ideólogo. Kurzweil lleva muchos años intentando encontrar un proyecto que le permita alcanzar la inmortalidad. Empezó con la criogenización pero advirtió la gran cantidad de inconvenientes que tiene este procedimiento que abordaré en el capítulo siguiente.

Raymond Kurzweil, nació en 1948, es presidente de Kurzweil Technologies e impulsor de la Universidad de la Singularidad en Silicon Valley. En la actualidad director de Ingeniería de Google.

Kurzweil es otro de los genios de este compacto bloque de promotores. A los quince años creó su primer programa de ordenador. Cuando estudiaba en el MIT (Instituto Técnico de Massachusetts) desarrolló un programa que permitía identificar a los alumnos.

Se licenció en el MIT en Ciencias de la Computación. Ha realizado numerosos inventos en computación, como lectura de la voz para personas ciegas, escáner para ordenadores, etc. Fundó varias empresas y en 1990 entre ellas la Medical Learning Company. Ha realizado largometrajes destacados como *El hombre trascendente* y escrito libros famosos como *La singularidad se acerca*. En 2012 lo contrató Google como director de Ingeniería. Ha sido galardonado con 15 Honoray Doctorate en universidades como Northeastern, Rensselaer Polytechnic Institute, New Jersey Institute of Technology, Queens College, etc. Ha escrito numerosos libros y fundado en el MIT la Universidad de la Singularidad.

Extrapolando tendencias pasadas al futuro, Kurzweil ha elaborado un método de predicción del curso del desarrollo tecnológico. Concluyó que la tasa de innovación en tecnologías de la computación crecía de modo exponencial. Esto le llevó a predecir que en 2050 los avances de medicina permitirán alargar la esperanza de vida y la calidad de la misma. Se podrá ralentizar el proceso de envejecimiento, gracias a la nanotecnología médica, se reparará nuestro cuerpo a nivel celular, los ordenadores superarán la mente humana, serán inteligentes. Es la época de la Singularidad. La tecnología llegará a ser tan avanzada que los progresos en medicina ampliarán la esperanza de vida y su calidad indefinidamente.

Destaca Kurzweil que en el mundo de los ordenadores habrán máquinas cada vez más potentes, ordenadores que pasarán el test de Turing y serán indistinguibles de un ser humano. Será la singularidad tecnológica. Para Kurzweil la IA (Inteligencia Artificial) llegará a ser más poderosa que el ser humano. Los implantes cibernéticos mejorarán al ser humano, dotándolo de nuevas habilidades cognitivas y le permitirán interactuar directamente con las máquinas.

Se cumplirá la ley de Moore, según la cual la capacidad de un microchip dobla cada dos años. Las máquinas terminarán por diseñarse y programarse ellas mismas.

En la actualidad Kurzweil asesora a la Army Science Advisory Board, donde se ha referido en muchas ocasiones a los potenciales peligros de la nanotecnología. Mantiene la necesidad de regular todos estos progresos lo antes posible.

Kurzweil, como Itskov, cuida detalladamente su salud, ya que le fue diagnosticado a los 35 años una intolerancia a la glucosa, un principio de diabetes tipo II. Hoy el doctor Terry Grossman le suministra cientos de píldoras con el fin de prolongar su vida. Kurzweil comparte sus creencias con Grossman, para algunos poco convencionales, para alargar la vida. Se trata de crear un «puente», una estrategia que, cambiando su estilo de vida y alimentación, alargará su vida hasta que la ciencia pueda hacerlo inmortal. Al abordar, en un próximo capítulo, el tema del antienvejecimiento, hablaremos más ampliamente de la terapia del doctor Terry Grossman.

Ray Kurzweil, consume 150 elementos y vitaminas al día, una estrategia médica que originalmente se inició en el *antiaging*. Al margen de las vitaminas en píldoras, Kurzweil, se hace continuos chequeos que le aseguran que es más joven y que retrasa su envejecimiento biológico. Su objetivo es crear un puente entre el presente y el futuro. Sobre esta estrategia Kurzweil pretende, según sus propias palabras, «llegar a la revolución nanotecnológica, un tiempo en que se pueda crear un sistema inmune que reconozca todas las enfermedades (...) el objetivo no es sólo prolongar la vida. La idea es mantenerse saludable y vital, no sólo para la prolongación de la vida, sino para su expansión».

Hiroshi Ishiguro: robots cabalgando sobre el tsunami

Itskov ha hecho construir una compleja cabeza mecánica que es una réplica de él mismo. Se ha construido en Texas, donde está la sede de Hanson Robotics, empresa fundada por el doctor en ingeniería David Hanson. Mientras que la mayoría de las cabezas robóticas tienen 20 motores, la de Itskov tendrá 36, con el fin de conseguir más expresiones faciales.

Sin embargo, las réplicas robóticas humanas más perfectas las ha conseguido el doctor Hiroshi Ishiguro que es el más importante ingeniero de robots del mundo.

Ishiguro ha creado un androide que es una copia suya difícil de distinguir quien es quien. Su rostro ha sido reproducido perfectamente y su copia llega a realizar gestos característicos de él.

Ishiguro es profesor de sistemas de innovación de la Escuela Superior de Ciencias de Ingeniería en la Universidad de Osaka. Tiene su propio laboratorio en el Instituto de Investigaciones de Telecomunicaciones avanzadas. Su objetivo es desarrollar robots interactivos que trabajen en acciones cotidianas de la vida diaria. Piensa que la imagen del robot es muy importante, ya que mientras más humano se vea un robot menos aterrador es. Si un robot actúa como un ser humano es más aceptado por la mente humana.

Hoy la robótica es interdisciplinaria, hay que trabajar con neurocientíficos, programadores, técnicos de informática, incluso médicos y especialistas conocedores de las funciones que debe realizar el futuro robot.

Ishiguro se ha incorporado al proyecto *Initiative 2045*, y como todos sus miembros se aprecia en él una filosofía que va más allá de la fría ingeniería robótica. Así destaca: «No estoy tan interesado en los robots, mi preocupación principal es el ser humano (…) No hay límites para el estudio de los seres humanos. Estamos desarrollando tecnologías, incluyendo robots, para la comprensión del ser humano. Es una manera constructiva de entender a los seres humanos».

Como he destacado, mientras más humano se vea un robot menos aterrador es. El problema de los robots radica en su programación. Los nuevos modelos tienen la capacidad de tomar decisiones de manera autónoma sin intermediación humana alguna. Ishiguro destaca la necesidad de que sean programados para respetar la legislación internacional, ya que la utilización de robots autónomos plantea desafíos éticos.

Sir Roger Penrose: ¿es la consciencia cuántica?

Entre los miembros de la *Initiative 2045* está Sir Roger Penrose, físico, matemático, profesor emérito de Matemáticas en la Universidad de Oxford. Nacido en 1931 y miembro de la Royal Society de Londres. Sir Roger Penrose compartió el Premio Wolf en Física con Stephen Hawking 1988.

Su participación en *Initiative 2045* consiste en la incorporación en este megaproyecto de la consciencia humana. Podemos ser inmortales, pero ¿qué hacemos con la consciencia, qué pasará con ella? ¿Existe la consciencia? ¿Qué es y dónde está? ¿Podemos perderla al abandonar el cuerpo para pasar a un avatar?

Penrose ha desarrollado su particular teoría de la mente, en la que advierte que hay algo en la naturaleza que describe la actividad mental. La mente y el cerebro son dos entidades separables. Penrose se apoya en la teoría cuántica para describir los fenómenos físicos, inéditos hasta ahora, que se dan dentro de las neuronas, cuando la función de onda cuántica colapsa por sí misma un reducción objetiva orquestada.

Ya en mi libro *Cerebro 2.0*, abordo este tema al describir el proceso en el que nace un pensamiento y concluyo que se trata de un proceso cuántico. La realidad es que un pensamiento nace cuando un ion positivo de calcio o potasio incide en el núcleo de una neurona y la activa. Esta neurona, a través de una onda eléctrica que se desplazara por las dendritas, escogerá un neurotransmisor químico que saltará a la siguiente neurona y así activara millones de ellas con el objetivo de que el cerebro piense algo determinado o realice una acción con su cuerpo. ¿Cómo aparece este ion? ¿Cómo sabe un neurotransmisor elegir entre los cientos que hay en el botón de la dendrita o axón? He ahí el gran misterio del funcionamiento de la mente que para muchos neurocientíficos es un efecto cuántico, un efecto que nos une con todo el Universo y en el que puede estar implicada nuestra consciencia.

Penrose, al abordar el tema de la consciencia destaca que es el resultado de un comportamiento cuántico a gran escala que tiene lugar en el cerebro.

Sir Roger Penrose, no comparte completamente el pensamiento de Kurzweil, ya que difiere en el hecho que, según él, ninguna máquina de computación podrá ser inteligente como el ser humano, ya que los sistemas formales algorítmicos nunca les otorgarán la capacidad de comprender y encontrar verdades que los seres humanos poseen.

El megaproyecto *Initiative 2045* aglutina todas las disciplinas emergentes que pueden ayudar a construir ese mundo de mañana. Existe entre sus promotores –Kurzweil, Brien, Page, Ishiguro, Penrose, Itskov, Kurzweil, etc.–, hay una gran preocupación por los temas espirituales y la consciencia, de ahí que en el Congreso de Nueva York de 2013, estuviera presente el Dalai Lama y otros gurús destacados de la meditación y la evolución de la mente. La humanidad debe evolucionar pero también debe descubrir sus aspectos espirituales y humanistas más profundos, y entre ellos está la consciencia.

En 1989, Roger Penrose publicó *La mente del emperador*, libro en el que explicaba que la inteligencia artificial tenía un límite. Penrose explica que los ordenadores trabajan siguiendo algoritmos y la mente no, este hecho hace imposible que un ordenador sea inteligente.

Los algoritmos son una sucesión de números elementales, perfectamente ordenados y especificados, que sirven para realizar algo preciso. Por ejemplo, un ordenador puede de esta forma interactuar en un fuego que se ha provocado en un laboratorio. Detecta el calor, pone en funcionamiento los extintores de agua, llama a los bomberos, bloquea puertas para evitar la extinción de las llamas, etc. Pero es incapaz de dar respuesta a una situación imprevista: un investigador que ha quedado atrapado en una estancia.

Penrose cree que en el cerebro operan leyes físicas nuevas y que no son algorítmicas. Según Penrose: «El cerebro funciona en base a neuronas, axones, dendritas y sinapsis; el ordenador tiene transistores, cables y circuitos impresos. El segundo es diez millones de veces más rápido y a diferencia del primero, es preciso y no redundante (…) al ordenador se le puede pedir que busque un número impar que sea la suma de dos números pares y se pasará la vida buscando. El cerebro humano se dará cuenta inmediatamente que es una computación sin fin».

Aubrey de Grey: la prolongación de la vida

Detrás de su aspecto extravagante de largos bigotes pelirrojos que se entremezclan con su prolongada barba, se oculta el biogerontólogo inglés Aubrey de Grey. Un hombre que está convencido que podemos aumentar la esperanza de vida si se aumenta la inversión en el desarrollo de técnicas biomédicas.

El doctor Aubrey de Grey es presidente de la Methuselah Foundation (Fundación Matusalén) que trabaja contra el envejecimiento a través de estrategias de bioingeniería con el fin de reparar tejidos dañados y rejuvenecer el cuerpo humano consiguiendo mayor longevidad. Aubrey de Grey es director científico de la Fundación SENS Research, y editor de la revista *Rejuvenation Research*, una de las publicaciones más prestigiosas del mundo en temas de rejuvenecimiento.

Para De Grey el envejecimiento es un problema degenerativo causado por diferentes tipos de moléculas y celulares que se acumulan: las mutaciones nucleares causantes del cáncer, las mutaciones mitocondriales, la acumulación de deshechos intercelulares. De Grey cree que tenemos un cincuenta por ciento de posibilidades de reducir estos daños de envejecimiento. Uno de los secretos está en la medicina regenerativa. No participa directamente en *Initiative 2045*, pero me consta que es uno de los que defiende el proyecto y que trabaja en una línea paralela.

Aubrey de Grey ha escrito *Cuenta atrás para la Inmortalidad*, un libro donde comienza explicando en el prólogo: «Hay algo que quiero que sepan al leer este libro: Me estoy muriendo». A partir de ahí describe su proceso horrible de enfermedad, que resulta ser que es su envejecimiento y el que todos padeceremos. Aubrey niega con argumentos lógicos la perspectiva de nuestro final inevitable. Se basa en la investigación sobre la longevidad, la importancia que tiene el mantenerse saludable con una correcta alimentación. Así como las tecnologías del rejuvenecimiento.

Peter Diamandis: el camino que conduce al espacio

Nace en 1961, es ingeniero y médico. Millonario, fundó con Kurzweil la Universidad de la Singularidad. Pertenece al megaproyecto *Initiative 2045* y está instalado en Silicon Valley. En la actualidad es presidente de la Fundación X Priz y otras muchas más empresas espaciales que ya explicaré en otro capítulo.

Su pensamiento está en la línea de los demás miembros de *Initiative 2045*, ya que quiere y apoya buscar soluciones para resolver algunos de los problemas más acuciantes del planeta. Su amistad con Ray Kurzweil viene desde que ambos fundaron la Universidad de la Singularidad, donde empezaron a fraguar todo el megaproyecto. Con su empresa Planetary Resources Inc. se centra en identificar asteroides cercanos a la Tierra que puedan representar algún riesgo, pero también explora las posibilidades mineras de estos cuerpos, especialmente el grafeno.

Diamandis ha ganado más de 20 premios y reconocimientos del MIT, Harvard Medical School y Honoris Causa. Es uno de los filántropos de *Initiative 2045*.

Richard Branson: la aventura de Virgin Galactic

Nacido en 1950, Richard Branson está entre los empresarios más ricos del mundo, el cuarto de Reino Unido. Propietario de Virgin tiene más de 390 empresas, y un patrimonio de 4.000 millones de dólares.

Influenciado por Al Gore, dedicó una de sus empresas, Virgin Fuels, al estudio del calentamiento global de la Tierra. Es un altruista que no le importa dedicar sus negocios a las más benévolas empresas. Así creó Virgin Health Banc, dedicada a almacenar la sangre del cordón umbilical de los bebes recién nacidos, así como las células madre.

Dedica sus esfuerzos a la lucha contra el SIDA, averiguar las causas del cambio climático, la protección de los océanos y apoyo a los jóvenes emprendedores a los que aconseja: «Si ves una situación y estás seguro que puedes hacerlo mejor de lo que lo está haciendo otra gente, entonces has encontrado el negocio».

Ha fundado varias clínicas gratuitas y destaca por sus iniciativas humanitarias. Disfruta de varios records mundiales deportivos y se lanza, con Virgin Galactic, al turismo espacial en vuelos suborbitales. Sus aeronaves viajarán de Europa a Australia en menos de una hora por la órbita planetaria.

James Cameron: el hombre que hizo temblar al Vaticano

Nacido en 1954, James Cameron es el director cinematográfico de *Initiative 2045*. Cameron no es sólo un cineasta, también es un explorador, aventurero e inquieto buscador de la verdad, que hizo temblar al Vaticano cuando se empeñó en buscar la tumba de Jesús, historia que narra en su documental *Talpio*t, brillante historia de una investigación en la que aportó pruebas de ADN y puso en entredicho el Nuevo Testamento.

Cameron ha demostrado su valor de explorador cuando descendió en solitario en el Deepsea Challenger a la fosa marina más profunda en Las Marianas.

Un espectáculo que filmó y revela un documento único de la fauna de las profundidades marinas.

Como director de cine Cameron ha ganado números premios y Globos de Oro, y ha realizado películas tan famosas como *Terminator, Alien, Titanic y Avatar* en 3D.

Richard Dawkins: una hoja de ruta que no conduce a Dios

Richard Dawkins es la cabeza visible del movimiento ateo del mundo y está relacionado con *Initiative 2045* por Transhumanisme H+, y por la coincidencia de su filosofía sobre la vida. Dawkins es etólogo, zoólogo y doctor en filosofía. Sus libros son siempre exitosos, como *El gen egoísta,* una brillante explicación de la función de nuestros genes, y en *El espejismo de Dios* se revela como un agresivo ateo contra todas las religiones. Está de acuerdo en la lucha de la ciencia contra la muerte, y a través de sus giras, trata de erradicar la ignorancia y transmitir conocimiento.

El movimiento ateo de los científicos no está únicamente representado por Richard Dawkins. Tengo que mencionar al filósofo Sam Harris, autor de *El fin de la fe;* el filósofo Daniel Denett, autor de *Romper el hechizo*; el filósofo español Fernando Savater; el periodista Christopher Hitchens, autor de *Dios no es bueno,* donde defiende un mundo sin religión; el físico Robert L. Park; los biólogos P.Z. Myers y Larry Moran; el filósofo Michel Onfray, autor del *Tratado de ateología,* donde en su contenido ataca por igual a cualquiera de los tres monoteísmos; el matemático Piergiorgio Odifreddi, autor de un excelente libro *Por qué no podemos ser cristianos;* el matemático John Allen Paulos, autor de *Elogio de la irreligión;* y ateos declarados como Sydney Brenner, premio Nobel de medicina 2002.

Sin duda es Richard Dawkins el más combativo y provocador de todos los ateos aparecidos en el siglo XXI. Destaca: «No podemos refutar la existencia de Dios, del mismo modo que tampoco podemos probar la existencia de hadas...». Para Dawkins EE.UU. sufre «la edad oscura teocrática», en un país en que el número de ateos supera los 30 millones.

Una de las provocaciones más imitada de Dawkins fue la idea de colocar publicidad en los autobuses de Londres, que lucían en sus costados: «There´s probably no god. Now stop Worrying and enjoy your life». En Italia imitaron a los autobuses ingleses anunciando en los costados y en la parte trasera: «La cattiva

Notizia è che Dio non existe, Quella buona, é che non ne hai bisogno». Pero las presiones de los grupos católicos de Italia en la compañía de autobuses hicieron que en Roma y Génova se vetaran los llamados autobuses ateos. Finalmente la campaña llegó a Barcelona donde los autobuses lucían en sus costados: «Probablemente Dios no existe. Deja de preocuparte y disfruta la vida». Sólo en España se libró una contrabatalla y los cristianos decidieron colocar carteles en los autobuses en los que se podía leer: «Dios sí existe. Disfruta de la vida en Cristo». Tras estas dos posturas hubo muchas opiniones de los ateos, concretamente Albert Riba, líder de Ateos de Catalunya, y, por el otro lado, del mismo arzobispado.

Los redactores de la Biblia no tenían ni idea de Física

El debate verdaderamente interesante y de un contenido científico fue el que se organizó en la Universidad de Oxford entre Richard Dawkins y el obispo Rowan Williams, en febrero de 2012, que detallo a continuación.

Richard Dawkins y el obispo anglicano de Canterbury Rowan Williams hicieron, febrero de 2012 un *replay* del debate entre Huxley, representando a Darwin, y el obispo anglicano Samuel Wilberforce. El nuevo debate tuvo lugar en la Universidad de Oxford.

Sobre el obispo Rowan Williams se puede destacar que es la representación de la mentalidad religiosa actual, una mentalidad que va aceptando la evidencia científica. El obispo Williams acepta la evolución biológica, aunque considera que esta evolución tiene un propósito superior.

Williams es muy distinto a Wilberforce, ya que admite que el hombre desciende de otros primates; también acoge con agrado la idea del *big bang* dado su parecido a la creación bíblica. Lo que Williams aún no digiere son los universos paralelos o los multiversos.

Su rival, Richard Dawkins, representante del ateísmo, ya hemos destacado algunos aspectos de su línea de pensamiento, una línea en la que opina que las religiones viven del miedo que sienten sus creyentes ante la certeza de la muerte. De todos modos se comportó con gran prudencia y no fue fiel a su lenguaje viperino.

El debate fue correcto, como siempre Dawkins marcó su juego provocador y fue especialmente duro en lo que se refiere a la teoría del diseño inteligente, la versión posmoderna del creacionismo.

Williams mostró, durante todo el debate, sus conocimientos científicos con los que intentaba rebatir a Dawkins, sin necesidad de utilizar argumentos como la fe que hubiera sido un recurso poco ortodoxo e indemostrable. Así habló de la consciencia, mutaciones, genes, sistemas emergentes, naturaleza de los procesos evolutivos, moléculas autorreplicantes, etc., incluso llegó a disculparse por el hecho de que los redactores de la Biblia no tuvieran ni idea de física.

Dawkins no negó la existencia de Dios como ha hecho otras veces, se limitó a destacar que su existencia era extremadamente improbable. Al referirse a la creación del Universo, Dawkins se preguntó: «¿Cómo podemos hablar de la evolución y los millones de años de desarrollo y diseño y luego decir: sí existe Dios?», tras este interrogante destacó «que la vida apareció de la nada en base a leyes físicas». Contrario a esta conclusión de Dawkins, Williams aseguró que el Universo no se puede explicar sólo por las leyes físicas.

Respecto al origen de la vida, para Dawkins se explica, en parte, por la selección natural y a la disposición de las moléculas. Aseguró que el Universo está lleno de vida.

Destacan todos los asistentes que el mejor momento del debate fue cuando el obispo Williams le preguntó directamente a Dawkins: «¿Acaso el conocimiento humano se puede explicar por la evolución?».

Fue entonces cuando Dawkins utilizó esa ironía que saca de quicio a los obispos respondiendo: «Mire usted, no entiendo ni la pregunta».

Dawkins es uno de los defensores y representante del movimiento transhumanismo. Un movimiento intelectual y cultural que aboga por el uso de una variedad de tecnologías emergentes y del que hablaremos en el capítulo noveno.

Jeff Bezos y Bill Gates: heredando el futuro

Jeff Bezos nace en 1964 y es el fundador de Amazon. Se formó en la Universidad de Princeton y es ingeniero electrónico e informático. Ahora propietario de uno de los periódicos más importantes y carismáticos de Estados Unidos: el *Washington Post*.

Bezos ha sido tratado de líder despiadado por sus competidores, pero no parece ser esta su personalidad. Se calcula que tiene un patrimonio de 25,2 mil millones de dólares. Aunque al principio no parecía estar muy unido al proyecto *Initiative 2045*, veremos cuando hablemos de él, que en la actualidad participa en esta gran aventura.

Respecto a Bill Gates, tal vez el hombre más rico del mundo, nació en 1955, empresario, filántropo y fundador de Microsoft. Creó la Fundación Bill y Melinda Gates, dedicada a reequilibrar oportunidades en salud y educación entre los más desfavorecidos.

Bill Gates se ha declarado agnóstico, mantiene una dieta especial y quiere ser inmortal. Está unido a *Initiative 2045* y participa en sus actividades.

Sergey Brin y Larry Page: la espontaneidad de la locura

Sergey Brin es de origen judío y creador de Google conjuntamente con Larry Page. Dispone de un patrimonio de 22,8 millones de dólares. Nace en 1973 en Moscú, hijo de prestigiosos investigadores. Se graduó en ciencias matemáticas y de computación en la Universidad de Maryland. En un garaje, en el 232 de Santa Margarita, alquilado con Larry Page empezó la historia de Google.

Brin es una de las personas más poderosas del mundo, filántropo y centrado en proyectos que buscan soluciones a problemas que afectan al planeta, la pobreza, la degradación del medio ambiente y las energías alternativas.

Se ha centrado en la lucha contra el Parkinson ya que una mutación genética indica que posee predisposición a la enfermedad.

Sergey Brin se casó con Anne Wojcicki, biotecnóloga de la Universidad de Yale que se ha centrado sobre la salud y los accesos a esta. Para ello su mujer es copropietaria de un laboratorio de biotecnología financiado por Google: 23andMe. Con Larry Page se interesan en el problema de la energía mundial y problemas ambientales. Ambos fueron impulsores de la carta al secretario General de las Naciones Unidas entregada en junio de 2013.

Larry Page nace en 1973. Hijo de profesores de las universidades de Michigan y Carolina del Norte. Su patrimonio es de 23 millones de dólares. Tuvo una educación laica, y así se ha mantenido. Cursa estudios en East Lansing High School y se gradúa como ingeniero de computación en la Universidad de Stanford. Se casó con Lucinda Southworth, licenciada en biomedicina por Oxford.

...EGIS DECK 4 / CRYO SUBDECK ARRAY = S3
...IC SYSTEM SHUTDOWN
...VERSION IN PROCESS

ACTIVE

Capítulo 3
TODO EMPEZÓ CON LA CRIOGENIZACIÓN

«¡Despierta, es hora de morir!»
Blade Runner. Nexus-6 a Harrison Ford al final de la película

«Volveré.»
Arnold Schwarzenegger en *Terminator*

«¿Qué es este ruido?» –uno de los once a un forastero que asiste al funeral.
«Están incinerando el cadáver» –respuesta del forastero.
De la película *La cuadrilla de los once*

Un encuentro con el inmortal Dalí

Era el mes de agosto de 1970. Estaba sentado junto a Salvador Dalí en la terraza del bar-restaurante La Punyalada, en el Passeig de Gràcia de Barcelona, esquina Rosselló. Dalí había hecho instalar dos sillas en medio de la acera con la marquesina al fondo y nos convertíamos en la expectación de todo el mundo que pasaba por allí. Algún iluso se aproximaba a nosotros con un papel para que el pintor le estampase su firma. Dalí, en una de sus extravagancias, les solicitaba a todos cien de las antiguas pesetas. Si no le daban el dinero por adelantado no había firma. Si la firma la tenía que estampar en una corbata o camiseta, no se cortaba y solicitaba 200 pesetas.

El pintor de Cadaqués me había hecho llamar por un secretario suyo para citarme en este lugar. El motivo era un artículo firmado por mí sobre la criogenización publicado en la revista *Algo* (nº 161), en el que yo aparecía dentro de una criocápsula de hibernación prolongada.

Tenía entonces 27 años y por sugerencia de mi entrañable amigo el profesor Anatole Dolinoff, había fundado la Sociedad Crionics de España, de la que era presidente y cuyo equipo, estaba compuesto por el ya fallecido abogado Francisco Sáez Hernández, el doctor Buenaventura Deusedes, Ernesto Olivan y otros.

Había otras personas interesadas como el también ya fallecido doctor Luis Miravitlles, al que había tenido de profesor de cristalografía en primero de Físicas en la Universidad de Barcelona, y con quien colaboré en varios programas en TVE en la popular serie *Misterios al descubierto*. En una ocasión «revivimos» un ratón llamado Noé, después de congelarlo, y en otra ocasión tratamos el asunto del Gerovital H3 de la doctora Anna Aslan a la que tuve el placer de entrevistar. El Gerovital H3 era un tratamiento para rejuvenecer que, presuntamente, le estaban suministrando al papa Pablo VI.

La realidad es que la conversación con Dalí no fue fácil. El pintor insistía en que él era inmortal ya que había nacido del «huevo cósmico». Así que, constantemente y con gran teatralidad y en un tono elevado de voz que oían todos los transeúntes, gritaba: «¡Es que yo soy inmortaaaal!», mientras agitaba en el aire un bastón negro con puño plateado. Sólo bajaba la voz cuando me preguntaba el precio de su criogenización, el de la cápsula criogénica y el del mantenimiento en el criptorium. También se interesó por la criocápsula doble, en la que existían dos compartimientos separados y podía contener a dos personas, en este caso él y su musa Gala. Quería saber si entonces, al ser para dos, sería más barato.

Fui sincero con él, al margen de los costos había una gran cantidad de problemas legales. La criogenización, de la que hablaremos más adelante, debía realizarse inmediatamente después del fallecimiento, cuando el electroencefalograma presentase una línea plana. Cualquier pérdida de tiempo significaba daños irreparables en el cerebro... y legalmente no era posible. Además, en España, carecíamos de criptoriums para guardar y mantener las cápsulas.

Tampoco se podían construir, la Iglesia católica se oponía radicalmente igual que no dejaba construir cementerios para judíos. La criogenización era, para la Iglesia católica, *contra natura*, era un desafío a Dios; Dios no lo aprobaba. Todo eso le expliqué a Dalí, quien en un momento de brillante lucidez humorística me contestó: «A mí no ha venido nadie a preguntarme nada», luego volvió a exclamar: «¡Soy inmortaaaal!», esta vez añadió erigiendo su dedo índice: «¡Soy un Dios!».

No lo podía criogenizar porque la Sociedad Crionics de España sólo era una sociedad testimonial. Aquella noche me fui a ver a Carles Buïgas, arquitecto y luminotécnico de las Fuentes de Montjuïc, con el que había hecho una comedida amistad. Buïgas, como casi todas las noches, estaba a los mandos de su fuente o dibujando su gran proyecto de iluminación escenográfica del puerto de Barcelona, una maravilla artística-lumínica que nunca se realizó. Cuando le expliqué la conversación con Dalí, rió francamente hasta que le lloraron los ojos.

La inmortalidad en los años sesenta

La criogenización se presentaba a finales de los años sesenta como la única esperanza ante ese final irremediable que es la muerte. Varias sociedades criogénicas se ofrecían para congelar los cuerpos de los fallecidos en nitrógeno líquido y, tal vez dentro de cien años o más, cuando se supiera reanimarlos, regresarlos a la vida y curarlos de la enfermedad que les había provocado el fallecimiento. Se suponía que dentro de doscientos años la ciencia sería capaz de reemplazar cualquier órgano deteriorado, eliminar cualquier tumor, virus y bacteria, y volver a la vida a cualquier crionauta.

Este planteamiento era tachado de materialista, amoral y ateo. La Iglesia católica se ponía las manos en la cabeza cada vez que alguien planteaba el tema de la inmortalidad criogénica.

Los seres humanos éramos, para la Iglesia, entes mortales que teníamos que purgar un pecado original que se habían sacado de la manga, y estábamos en este mundo, para algunos sacerdotes en el centro del Universo, para sufrir y ganarnos el pan con el sudor de la frente. Indiscutiblemente la culpa de todo la tenía la mujer y la dichosa manzana, pero esto es otro tema tan infantilizado de la Biblia que hoy es como el cuento de Blancanieves y su manzana.

Rápidamente surgieron en Estados Unidos sociedades criogénicas como Alcor, Trans-Time, Cryonics Institute, etc., y se empezaron a introducir en cápsulas a los primeros crionautas, gente adinerada que aún se conservan en un costosísimo mantenimiento de hielo líquido. Pese a que se dice que Walt Disney y John F. Kennedy, fueron criogenizados, no es cierto. Disney no se criogenizó y Kennedy tampoco, entre otras razones porque pasó mucho tiempo desde su fallecimiento y, además Kennedy, tenían heridas irreversibles en su cerebro causado por el disparo del magnicidio.

Tampoco se criogenizó mi buen amigo y profesor Anatole Dolinoff, ya que al final de su vida padeció la misma enfermedad que Stephen Hawking, denominada Lou Gehrig. Falleció en 1999 y renunció, por su estado de salud, a la criogenización. Había construido un baúl hermético capaz de conservar un cuerpo a bajas temperaturas y poder ser transportado hasta el lugar donde se podía realizar la criogenización. Su baúl no fue utilizado nunca y Dolinoff no pudo ver cumplido el último deseo... esperar hasta que el futuro lo reviviera.

Me quedarán entrañables recuerdos de él en París y España. Nunca podré olvidar su entusiasmo con una pesada cámara fotográfica recuperada de un bombardero B-29, intentando enfocarme a distancia en una solitaria playa de Santander a las 6 de la mañana, donde habíamos extendido un cordel de varios kilómetros para conseguir el enfoque perfecto.

Criogenización: el silencio del frío

El proceso de criogenización original no era sencillo, había que actuar inmediatamente tras el fallecimiento, justo cuando el electroencefalograma mostraba una línea plana. Por lo menos eso era lo requerido por la legalidad en Estados Unidos y Suiza. Veamos brevemente cómo era en los años sesenta y setenta el proceso de la criogenización.

Lo primordial en el proceso era, y es, evitar que el cerebro se deteriore por falta oxígeno. Para evitar este problema se realizaba una respiración forzada de oxígeno por mascarilla. Seguidamente se instalaba el cuerpo en un recipiente refrigerado por medio de agua, hielo y un diez por ciento de glicerol, inyectándose heparenina en la carótida para evitar que se coagulase la sangre.

Este procedimiento aumentaba en seguridad si se disponía de un corazón-pulmón artificial para efectuar las anteriores operaciones.

Cuando la temperatura de todo el cuerpo había descendido por debajo de cero grados centígrados, se introducía una sonda metálica en las arterias y venas femorales para hacer circular una solución isotónica fría conteniendo: un 50%, más tarde un 10% y, finalmente, un 15% de glicerol en circuito abierto, bajo una presión de 80 mm de mercurio, invirtiendo el sentido del circuito a intervalos de 10 minutos, para evitar que las válvulas del corazón opusieran resistencia al riego pulmonar.

Luego se retiraba el exceso de glicerol reemplazándolo por una solución con mezcla isotónica que contenía Daxtran. Seguidamente se procedía a enfriar el cuerpo con capas alternativa de hielo y sal provocando que la temperatura descendiera a -20ºC. Se recubrirá el cuerpo con papel de aluminio. Una vez introducido el cuerpo en la criocápsula se procedería a descender la temperatura del cuerpo a -79ºC rodeándolo de bolsas de nieve carbónica.

Luego se descendía la temperatura, paulatinamente, hasta alcanzar los -196ºC. Esta temperatura es la ideal para la criogenización, ya que se produce un silencio químico en el cuerpo humano. Lo que transcurre en 2/10.000 segundos a la temperatura de 37ºC, tarda seis mil millones de años en producirse a -196ºC.

En cuanto a las criocápsulas, los cuerpos se conservan en un vaso Dewar, protegidos por un material blando y con una entrada de argón. Todo protegido por un vacío de 10^{-6} mm Hg., que está protegido por una expansión de poliestireno y un blindaje de aluminio exterior.

Hoy se sigue criogenizando a seres humanos, especialmente las empresas americanas, entre ellas Alcor Life Extension de Ray Kurzweil, aunque la investigación de la inmortalidad se ha centrado más en el Proyecto Avatar del que hablamos en otros capítulos. De cualquier forma siguen habiendo personas interesadas en que su cuerpo permanezca conservado a -196ºC. Como ejemplo tenemos a dos científicos de Oxford, el profesor de filosofía Nick Bostrom y el profesor en física y neurociencia computacional Anders Sandberg, ambos del Instituto de Futuro de la Humanidad de Oxford.

Nick Bostrom quiere que sólo le criogenicen su cabeza, mientras que Sandberg prefiere el cuerpo entero. Ambos han realizado los trámites necesarios para que la criogenización la realice Alcor Life Extension de la Foundation América Cryonics Society, que dice tener 150 personas conservadas en estado criogénico.

Los futuros proyectos de Google con Calico y el grupo de la Universidad de la Singularidad de Ray Kurzweil, parecen más interesantes y viables que la criogenización, como veremos más adelante. El principal problema de la criogenización es la rapidez con la que se debe realizar, ya que los daños en las neuronas cerebrales pueden ser irreversibles. Las neuronas precisan oxigenación principalmente. El cerebro es el órgano más frágil en un proceso de criogenización, y lamentablemente aún desconocemos muchos aspectos de su funcionamiento. Nadie puede garantizar que en el futuro no descongelemos a «monstruos de Frankenstein» o zombis, por fallos en el proceso de criogenización cerebral. Todo es distinto si podemos traspasar en vida el cerebro –memoria y consciencia– de un ser a un avatar.

Los crionautas que regresarán del frío

¿Qué sucederá cuando regresen los crionautas en el futuro, suponiendo que los podamos revivir y curar la enfermedad que les produjo la muerte? Sin entrar en tecnicismos, al parecer, reanimarlos no será tan problemático, en los quirófanos actuales se realizan cientos de reanimaciones de personas que presentan un electroencefalograma plano. Lo hemos visto en las películas y en la televisión. Tras un lento y cuidadoso proceso de descongelación en el que se inyectará nuevamente sangre en las venas, habremos revivido al crionauta que, por ejemplo, había fallecido de un ataque en su maltrecho corazón, un órgano que será reemplazado inmediatamente por lo más novedoso corazones orgánicos del futuro.

Bien, sigamos suponiendo que en ese futuro se tiene a un ser de hace 150, 200 o más años. Un ser que su mente se ha recuperado lúcida pero anclada en el pasado, que difícilmente comprenderá el futuro en el que ha despertado. Inadaptado a las nuevas tecnologías y con unos descendientes, nacidos después de su muerte, que le observan con asombro, eso si esos descendientes no son avatares o seres con cerebros transferidos a robots. El crionauta se enfrentará a un mundo muy distinto al que dejó. Un mundo en que posiblemente la gente hablará telepáticamente a través de chips instalados en el cerebro, donde los ágapes habrán sido sustituidos por píldoras o energía, un mundo donde el viaje a las colonias espaciales será lo más corriente, donde todos sus valores habrán cambiado y su conversación, sin los nuevos términos lingüísticos, se considerará primitiva.

No es un panorama muy prometedor. Pienso, con compasión, en algunos crionautas que han guardado en los compartimentos de su criocápsula, fotos de sus familiares y grabaciones personales, toscos recuerdos que sólo los llevarán a la melancolía y la añoranza de lo que fue su mundo feliz.

Como veremos en el último capítulo de este libro, difícilmente podemos hacer una prospectiva del año 2045, cualquier intento de extrapolar el presente a más de diez años vista puede ser inútil, ya que puede surgir un suceso inesperado o un descubrimiento no pensado que transforme totalmente todo el análisis futurológico.

Internet fue uno de esos acontecimientos que no se esperaba y transformó la sociedad.

Los psicólogos y psiquiatras del futuro, especializados en psicología del siglo XX y XXI, tendrán que ayudar a estos crionautas a comprender las nuevas realidades. También precisarán maestros para que les explique la historia del pasado y la tecnología existente.

Todo eso si queremos darles una vida normal en el nuevo mundo que han despertado. No será fácil. Todo eso suponiendo que el mundo siga progresando y que ninguna catástrofe haya interferido en el mantenimiento criogénico. Y que los que dirijan el mundo decidan descongelarlos.

El crionauta, envuelto en papel de aluminio a -196 grados bajo cero está sujeto al azar del futuro. Son como las momias de las pirámides de Egipto viajando en el tiempo, con la diferencia que ellos, tienen una probabilidad de regresar y las momias sólo lo han conseguido en la cinematografía de terror y ficción.

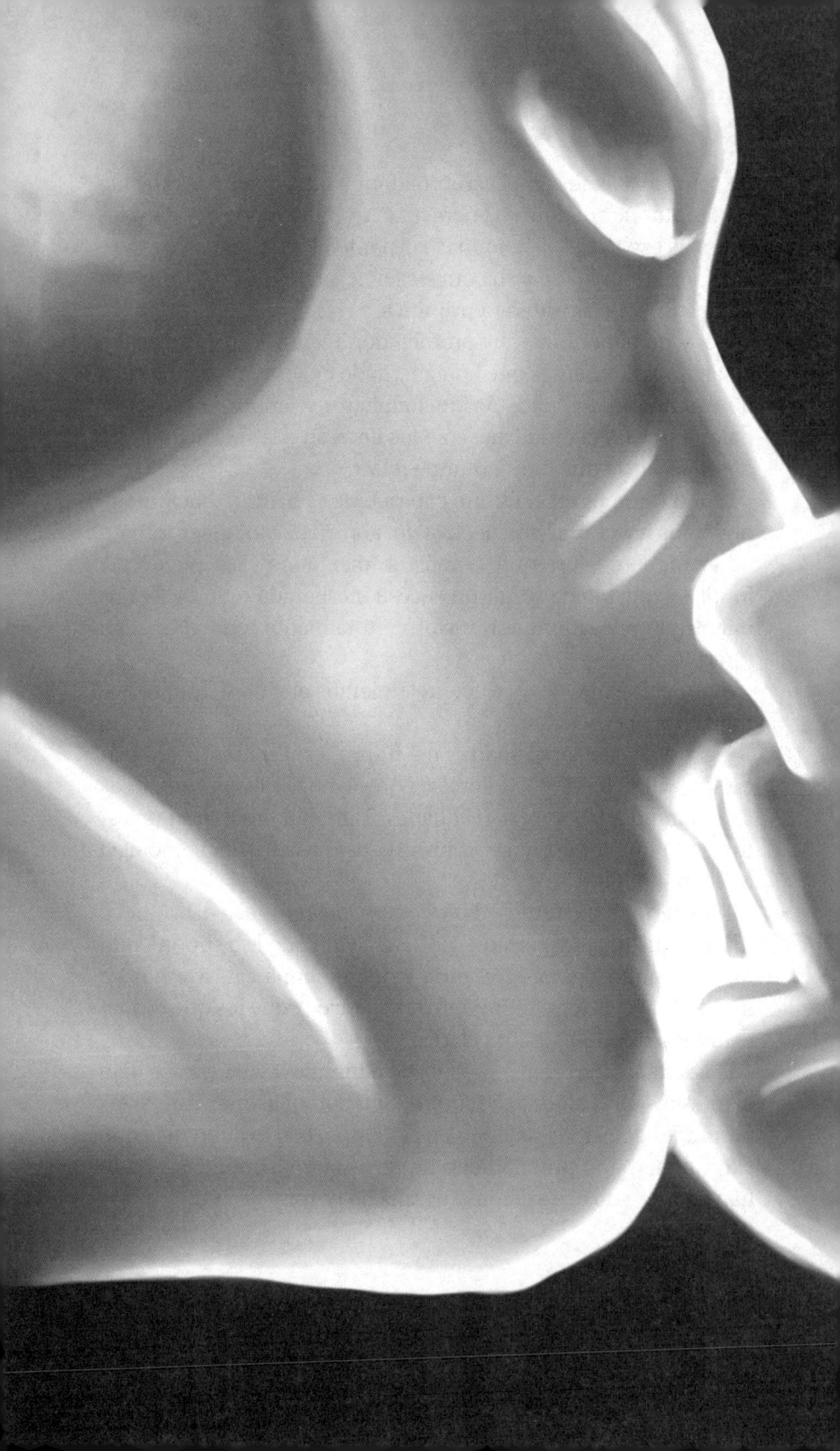

Capítulo 4

LOS SEMIDIOSES CONSTRUYENDO EL FUTURO

«...nunca llegaron a morir los antiguos dioses. Se pasaron a la oposición cuando un nuevo ejecutivo accedió al poder.»
Anthony Burgess, *The Eve of Saint Venus*

«La vida inteligente sobre nuestro planeta alcanzará la mayoría de edad cuando resuelva el problema de su propia existencia.»
Richard Dawkins, *El gen egoísta*

«*Don´t be evil.*» (No seas malvado.)
Frase que enmarca la filosofía de Google

Initiative 2045 y Calico

Son los más poderosos del mundo, representan a las instituciones económicamente más solventes y con más innovación emergente, tienen otros conceptos de la vida y de la sociedad del futuro... son semidioses. Entre ellos está el empresario ruso Dmitry Itskov, 32 años y magnate de los medios de comunicación. Itskov es el fundador de *Initiative 2045*, y el Proyecto Avatar donde ya ha invertido varios millones de dólares, una menudencia para Itskov que considera el dinero como un tipo de energía.

Avatar es un proyecto en el que ya participa Google y la Universidad de la Singularidad fundada por Ray Kurzweil y Peter Diamandis, así como otras empresas y sociedades. Un proyecto que se ha dividido en cuatro fases: primera, la construcción de un robot que pueda ser controlado por el cerebro; segunda, el trasplante de un cerebro a un cuerpo sintético; tercera, el contenido del cerebro de una persona cargado en un medio sintético; y cuarta, la creación de un holograma que reemplazará completamente al cuerpo. Un proyecto de inmortalidad en el que Google participa y se ha acordado una fecha máxima: el año 2045.

Con este proyecto los grandes de la informática y el ciberespacio, han lanzado un órdago: Google apuesta por la inmortalidad, según publicó la portada de *Times,* en otoño de 2013.

En esta misma revista se anunciaba que Google, Apple y Genentech, esta última fundada por el doctor Hebert W. Boyer, líder en biotecnología, han creado Calico (California Life Company). Se trata de un proyecto de Sergey Brin, fundador de Google con Larry Page, un proyecto en el que han puesto al frente a Arthur Levinson, presidente de Apple Inc., también director de Genentech. Levinson es un biotecnólogo que se caracteriza por sus ideas futuristas y pioneras en el campo de la investigación y de las tecnologías emergentes.

En Calico se han invertido cientos de millones de dólares según los redactores de *Time*. Pero lo que no falta en Google y Apple es el dinero y el entusiasmo por nuevos proyectos. Referente a la parte económica recordaré que Google declaró en penúltimo trimestre de 2013, unos beneficios netos de 2.970 millones de dólares, y unos ingresos de 14.893 millones de dólares.

¿Qué es Calico y qué papel juega en *Initiative 2045*? Calico es una empresa centrada en la salud y el bienestar, que investigará el envejecimiento, regeneración de órganos y, aunque no se mencionó en su presentación, la búsqueda de la inmortalidad, algo que parece evidente si Google está implicada en *Initiative 2045*. Creo que Calico sustituye la relación que Google tenía con 23andMe, laboratorio destinado a la lucha contra la enfermedades genéticas, un complejo que está dirigido por la exmujer de Sergey Brin, Anne Wojcicki. Parece que 23andMe se centra más en su oferta de análisis y comercialización del ADN para todos los clientes de cualquier lugar del mundo.

Para los que no están al corriente de la participación de Google en *Initiative 2045*, la compra de Calico parece extraña, ya que Google se interna en un campo que no es el del desarrollo de tecnologías e informática. Sin ser suspicaz, se puede asegurar que Calico forma parte del proyecto para conseguir la inmortalidad.

Calico es una empresa activa en el campo de los diagnósticos genéticos. Fue fundada en 2006 y respaldada por las inversiones de Google. Esta empresa ofrece test genómicos que permiten conocer las raíces genéticas de un individuo, así como aspectos relacionados con su salud. Cerca de un millón de personas han utilizado este test que se comercializa en forma de kit personal al precio de 99 $. Calico aspira en convertirse en una fuente de información genética personalizada. Para los directivos de Calico la información genética crecerá a lo largo del tiempo y cada vez será más utilizada en todos los diagnósticos médicos. Esta información permitirá a Calico disponer una documentación genómica global. Por este motivo Calico alienta a enviar el ADN para ayudar en esta investigación.

Ahora al entrar Google en Calico, todo hace suponer que este laboratorio desarrollará nuevas secciones dedicadas a la lucha contra el envejecimiento, la medicina regenerativa y la inmortalidad, convirtiéndose en uno de los centros neurálgicos de *Initiative 2045*.

Calico parece la sustituta de 23andMe, que pertenece mayoritariamente a Anne Wojcicki. Los laboratorios 23andMe son una firma líder de test genéticos que ofrece información sobre más de 250 mutaciones propensas de desarrollar enfermedades como el cáncer, diabetes o coronarias. También los test sirven para conocer la intolerancia a determinados fármacos.

Sin embargo a 23andMe le han surgido problemas. La autoridad sanitaria de EE.UU. (FDA) ha ordenado, desde 2012, poner fin al servicio de exámenes genéticos personalizados *online* ya que existían dudas sobre la fiabilidad de las pruebas. Por ahora, 23andMe, continua su comercialización mientras ofrece a la FDA información para responder a sus preocupaciones. Se trata de un conflicto importante ya que, posiblemente, se fijarán los límites de actuación de las empresas de genética personalizada. Es posible que las negociaciones entre 23andMe y FDA se prolonguen más de un año. Al terminar las páginas de este libro aun no existía ningún acuerdo. El megaproyecto de la inmortalidad cuenta con la colaboración de Ray Kurzweil, contratado recientemente como ingeniero de Google, aunque seguirán sus lazos con la Universidad de la Singularidad en el MIT. También se unen Penrose, que trabaja por la integración de la consciencia en este proyecto, tema que abordaremos más ampliamente en otro capítulo, y, como ya he mencionado, el mecenas ruso Dmitry Itskov, que quiere ser de los primeros en transferir su cerebro a un avatar.

Los personajes citados forman Global Future 2045. También un grupo de científicos de todas las disciplinas se unen en este megaproyecto, así como otras instituciones como Radical Life Extension, la Fundación de Investigación de Sens de Aubrey de Grey, *Vida Máxima* e *Inmortal Life* de Giovanni Santostasi, entre otras. El proyecto también cuenta con la ayuda del ingeniero robótico Hiroshi Ishiguro y Peter Diamandis presidente de la Fundación X-Prize.

Viendo el mundo como otros no lo ven

Nadie, salvo algunos científicos conservadores anclados en el pasado y sin una perspectiva futurista del mundo que se avecina, se ha atrevido a ver todo este megaproyecto como una visión de ciencia-ficción. Ha habido los que han sugerido algunas objeciones en los plazos, ya que consideran que 2045 es una fecha demasiado cercana para conseguir la tecnología suficientemente desarrollada para transferir un cerebro humano a un avatar, o creen que jamás se alcanzará la inmortalidad. Otros alegan motivos morales y éticos que, sin duda, se esgrimirán en el momento adecuado del futuro para paralizar, a través de los gobiernos, este megaproyecto. La ciencia siempre ha tenido sus detractores que han interpuesto recursos para paralizar determinados descubrimientos que iban en contra de sus creencias e ideologías. Recordemos los problemas que hubo contra la comercialización de los métodos anticonceptivos; la lucha, aún hoy, contra la utilización de la células madre; el ataque insidioso y fanático contra las clínicas abortivas en Estados Unidos; las denuncias contra determinados experimentos que anuncio el LHC (Large Hadron Collider), o los intentos de cambiar las teorías paleoantropológicas por los neodarwinistas en algunos estados de EE.UU. Recursos y denuncias que fracasaron y que fueron vistos en su día como un claro conservadurismo ideológico y fanatizado. Está claro que son dos visiones diferentes del mundo, unas perspectivas que evocan aquel diálogo de la película *The Village*: «Veo el mundo. No como tú, de otra forma».

Lo interesante es que los expertos comprendan el megaproyecto y hagan sus objeciones constructivas contra este. Este es el caso de los que recuerdan que una sociedad inmortal consumiría más recursos. Ahí, en esta cuestión, Itskov, recuerda que los nuevos seres no dependerán de los alimentos, sino de la energía. Por otra parte, señala Itskov: «Un cerebro biológico colocado en un soporte perfecto carecerá de enfermedades degenerativas».

El mayor consumo de energía en el futuro, parece resolverse en varios frentes. Por un lado está la esperanza de que el ITER (International Thermonuclear Experimental Reactor) funcione y puedan construirse otros para producir energía con la fusión nuclear; por otro lado habrá una mayor producción de energía eólica; también la energía fotovoltaica experimentará mayor producción gracias a las células solares de grafeno que producen cinco veces más energía que las de silicio. En cuanto a los reactores de fisión están en construcción cincuenta y uno, la mayoría en China, Rusia e India.

En cualquier caso es interesante que se aleguen todos los problemas que pueden plantearse, ya que servirán para buscar las soluciones adecuadas y anticiparse a inconvenientes y contrariedades que puedan surgir.

Anticiparse a los inconvenientes que puedan acaecer es un interesante ejercicio de *brainstorming*, una práctica que aporta nuevas ideas. Cuando creamos la Asociación Crionics de España realizamos muchos ejercicios de anticipación, de lo que se encontraría el crionauta en el futuro cuando lo reviviesen de la criogenización, de los problemas psicológicos que podría tener al «regresar», de cómo habría cambiado el mundo y cómo se habría transformado la sociedad. Debates que despertaban nuestra imaginación y nos planteaban nuevas ideas.

Evolución controlada y conquista del espacio

Para muchas personas existen cosas imposibles, la inmortalidad es una de ellas. El concepto de imposibilidad depende de la época y conocimientos que tenemos, y de los medios económicos y tecnológicos que disponemos para desarrollar proyectos que son casi inalcanzables.

Si retrocedemos unos cientos de años era imposible que un objeto más pesado que el aire pudiese volar, era imposible alcanzar la Luna, era imposible reanimar un cuerpo inerte, era imposible la energía eléctrica y dominar el átomo para las centrales nucleares. Eran imposibles muchas cosas que hoy hacemos con cotidianidad. Hemos pasado de las computadoras gigantes a ordenadores que caben en el marco de un par de gafas.

Muchos aspectos de los que hablamos en los capítulos 7 y 12 sobre lo que conseguiremos en el futuro, parecen en la actualidad difíciles de asumir, sin embargo, se están utilizando enormes recursos de dinero y material para que se puedan realizar.

Como argumentan los seguidores de *Initiative 2045, Word Transhumanisme, Massachusetts Institute Technology* o *Foundation Richard Dawkins para la Razón y la Ciencia:* la humanidad, por primera vez en su historia, hará una transición evolutiva totalmente gestionada, que eventualmente la convertirá en una nueva especie. También se cumplirán los requisitos previos para lanzarnos a una expansión a gran escala en la conquista del espacio exterior. El megaproyecto Avatar es sólo cuestión de tiempo y medios económicos. El primer factor se puede reducir con más cantidad de laboratorios investigando y más científicos concentrados en este proyecto. Eso implica más inversión. El segundo factor, del que depende el primero, es los medios económicos, y esos los disponen los promotores de *Initiative 2045*.

El proyecto dirigido por Dmitry Itskov comporta cuatro diferentes tipos de avatares. Recordemos que un avatar es un robot antropomórfico controlado por una interfaz cerebro-ordenador, la denominada tecnología BIC (Brain-Interfaz-Computer). Explicado muy brevemente, esta tecnología adquiere ondas cerebrales para procesarlas a través de un ordenador, ofreciendo de este modo un canal natural de interacción entre hombre-máquina.

Quiero destacar inicialmente que fue en la Conferencia Global Future 2045, donde tres de los mayores neurólogos en activo del mundo, discutieron la posibilidad de que el cerebro humano pudiese ser preservado en una máquina tras la muerte del cuerpo que lo albergaba. Se trata de un tipo de interfaz de informática que tiene que permitir también que la consciencia –si es que esta reside efectivamente en el cerebro– pudiera manifestarse en dicha interfaz.

Los asistentes a este debate no sólo pretenden la búsqueda de la inmortalidad, sino que, durante la Conferencia, se lanzaron a un debate enriquecedor en los ámbitos de la neurología, la biología, la filosofía, la política y la ética. Entre estos participantes estaban Theodore Berger, Mikhail Lebedev y Alexander Kaplan. Los tres estuvieron de acuerdo en afirmar que es posible que el cerebro sobreviva al cuerpo dentro de un caparazón cibernético. No se trata de ciencia ficción: el cerebro es el último órgano del cuerpo en morir, y los tejidos cerebrales envejecen mucho más lentamente que otros.

El cerebro contenido en una interfaz no-humana sería mantenido con vida con sustitutos biológicos de sangre (con el necesario sustrato energético, bioquímico y hormonal), interfaces de dos vías entre el cerebro y la computadora, prótesis neuronales y órganos humanos creados artificialmente.

Debido a que ningún cerebro humano ha estado en esas condiciones, los neurólogos no saben cómo afectaría este procedimiento al grado de consciencia, inteligencia, comprensión y otras categorías en las que basamos nuestra comprensión de la vida y experiencia humanas.

Carecemos de referencias en lo que sucedería al tener nuestra cabeza dentro de un robot. Pero en cualquier caso, los neurólogos citados manifestaron su optimismo en conseguir este hecho antes de 2045.

Avatares: encarnados en cuerpos de robots

En la actualidad cientos de científicos están trabajando ya en este megaproyecto. Son los nuevos especialistas en ramas de la ciencia muy sofisticadas, son biotecnólogos, neurocientíficos, ingenieros informáticos, etc. Están trabajando en robots que piensan por sí mismos, una investigación de los ingenieros de Nui Galway y la Universidad de Ulster.

El grupo de investigación está trabajando para crear la tecnología de un circuito integrado, bioinspirado, que puede imitar la estructura y el funcionamiento de las neuronas del cerebro.

El profesor Martin McGinnity, director del Centro de Investigación en Sistemas Inteligentes, defiende que robots modernos son excelentes en la ejecución de tareas preprogramadas repetitivas, pero sin esperanza cuando se enfrentan a situaciones imprevistas. Destaca Martin McGinnity que: «Un importante objetivo es emular el cerebro de una criatura muy simple, a saber, el gusano. De este modo los investigadores esperan aprender más acerca de cómo la biología procesa la información sensorial y el actuador. Esta investigación puede servir de sustento robótica inteligente cognitivas, es decir, robots que aprenden, se adaptan, se auto-organizan y razonan, como lo hacen los humanos».

Sin embargo, el profesor Martin McGinnity, no tiene muchas esperanzas en poder describir en un robot redes neuronales para pensar como un ser humano y, reconoce que las investigaciones sobre los sistemas cognitivos están actualmente muy por debajo del pensamiento humano. Destaca que por ejemplo, «conseguir que un robot pueda aprender una habilidad y explotar esa habilidad en el desarrollo de otra habilidad es todavía una tarea muy compleja, pero es trivial para los seres humanos». Pese a los problemas de los sistemas cognitivos el proyecto de la creación de avatares sigue adelante. Veamos más a fondo las características de estos avatares y la cronología de su puesta en marcha:

El avatar A deberá dirigirse a través de las ondas cerebrales. Su cerebro se puede conectar a un ordenador. En junio de 2013, en la Universidad de Minnesota se consiguió manejar un cuadricóptero –pequeño helicóptero con cuatro juegos de aspas– exclusivamente con el cerebro. Los especialistas en neurociencia consiguieron hacer volar ese aparato a través de impulsos cerebrales, uno de ellos, con 64 electrodos colocados en la cabeza enviaba instrucciones al cuadricóptero vía Wifi[1]. Por lo tanto la posibilidad de manejar un avatar con ondas cerebrales no es una idea descabellada.

En las pasadas Navidades se impuso un juguete de moda en Estados Unidos: el helicóptero Orbit de Puzzlebox, que vuela con la fuerza del pensamiento. El jugador lleva un casco que registra la actividad eléctrica del cerebro. A través de dos electrodos mide la diferencia potencial entre el córtex prefrontal y el lóbulo de la oreja. Este sistema detecta dos actividades distintas: la concentración y la relajación mental. Cada una de estas actividades le corresponde un perfil eléctrico preregistrado.

Para hacer despegar el helicóptero el jugador tiene que concentrarse o relajarse, acto que el casco compara con sus perfiles de referencia y, si la similitud es suficiente, el helicóptero vuela. El jugador regula el nivel de similitud requerido en su aplicación

---

1. Ver capítulo décimo, interface cerebro-máquina, de mi libro *Cerebro 2.0*.

de su smartphone, conectado en bluetooth con el casco. Por su parte el helicóptero sólo lleva pilas recargables. Este pequeño artilugio nos puede dar una idea de lo avanzado que está la tecnología en este campo. Hoy un niño mueve un pequeño helicóptero, pero pronto le podrá dar instrucciones a un robot que se activará ya efectuara maniobras guiado por ondas cerebrales.

El avatar B (también conocido como *Body B*) es un sistema de apoyo a la función del cerebro. Es una manera de transferir las ondas cerebrales de su mente a un cuerpo que no necesita un ordenador y detecta lo que debe hacer.

El avatar C se conoce como *Rebrain*, en este proyecto el avatar tiene su propio cerebro, que coincide con el de un ser humano. Esta es probablemente la versión más cercana de la clonación.

El avatar D es un holograma y es la versión más informatizada del proceso. Los avatares van avanzando en complejidad con el tiempo, pasando desde algo tan fácil de lograr como un avatar computadora, a algo mucho más difícil.

Itskov tiene una meta en la actualidad: la creación de miembros artificiales y prótesis móviles para las personas con discapacidad. Si es capaz de inventar una prótesis que responde por ondas cerebrales y recupera los sentidos perdidos para el paciente, va a seguir adelante con este plan. Quiere desarrollar exoesqueletos que se manejen con el pensamiento. Ya explico en la cronología de 2014, que en este año se dará el pistoletazo de salida para la exhibición y comercialización de los exoesqueletos. Un parapléjico, ayudado por un exoesqueleto se levantará de una silla ortopédica, caminará y chutará el balón de futbol que inaugurará los mundiales de futbol en Brasil en verano de este año. Destacaré que Itskov prefiere utilizar el término *avatar*, aunque su plan se inscribe en la ciencia de la clonación, pero omite este último término. La clonación sería la reproducción de los seres que viven y que coinciden en el ADN y en ocasiones en la personalidad.

Los cinco principios de la realidad futurista

Realizando un calendario prospectivo tenemos una idea de cuál es el programa que se ha establecido en este ambicioso proyecto y cuáles son los logros que se piensan alcanzar en los próximos años.

Entre 2015 y 2020 se irán creando y utilizando el uso generalizado de las avatares androides controlados por el interfaz cerebro-ordenador (BIC). Se espera que todo este desarrollo ofrezca a la sociedad ciertas ventajas, ya que estos robots podrán trabajar en entornos peligrosos, fuera de nuestro planeta en la minería espacial, en rescate y catástrofes, etc.

Su producción en serie también ocasionará un aspecto negativo: la eliminación de miles de puestos de trabajo de personal no cualificado. Por otro lado crearán otros puestos de trabajo más tecnificados y especializados.

Entre las ventajas estará el hecho de que los componentes que se vayan desarrollando en los avatares servirán para progresar en el campo de la medicina, en la rehabilitación de incapacitados y prótesis que más adelante serán sustituidas por auténticos órganos construidos en 3D como veremos en el capítulo séptimo.

Entre 2020 y 2025 se conseguirá un soporte de vida autónoma para el cerebro humano vinculado a un robot. Es muy importante que hasta entonces la medicina desarrolle medicamentos que impidan que nuestro cerebro se dañe, ya que un cuerpo humano dañado podrá recuperarse siempre que el cerebro esté en condiciones.

Entre el 2030 y 2035 se aspira a construir un modelo de ordenador del cerebro y la consciencia humana, con el posterior desarrollo de los medios para transferir la consciencia individual sobre un robot artificial. El tema de la consciencia lo trataremos más ampliamente en el capítulo diez, ya que merece un debate especial sobre qué es, dónde está y otros aspectos fundamentales.

En cualquier caso estamos hablando de un desarrollo que va a cambiar el mundo, dado que, no sólo va a ofrecer todas las posibilidades de la inmortalidad cibernética, sino también crear una inteligencia artificial que amplié las capacidades humanas. Seremos más inteligentes y dispondremos de más información en nuestro cerebro. Algo que nos permitirá una mayor comprensión de la naturaleza humana. Y transferiremos a un avatar no biológico y más avanzado la personalidad de un individuo para extender la vida hasta la inmortalidad.

El año 2045, del que intento presentar su escenario hipotético más adelante, es según los promotores de *Initiative 2045*, la fecha en la que las mentes recibirán nuevos cuerpos con capacidad muy superior a los humanos actuales. Comenzará una nueva era para la humanidad en la que los progresos afectarán a todas las actividades humanas.

En el Congreso de Nueva York de junio de 2013, destacó Dmitry Itskov, que los principales objetivos de *Initiative 2045* son la creación y la realización de una nueva estrategia para el desarrollo de la humanidad, un objetivo que cumpla con los retos globales de la civilización, así como la creación de las condiciones óptimas que promuevan la emergencia de la espiritualidad humana. Para Itskov, esta realidad futurista se basa en cinco principios: alta espiritualidad, alta cultura, alta ética, alta ciencia y alta tecnología. Estos serían los cinco principios de la realidad futurista.

Este reto trata de la transformación a gran escala de la humanidad, un nuevo escenario incomparable con las grandes revoluciones que ha habido en la historia de la civilización. Pero ahora se trata de cumplir una meta perseguida por todas las civilizaciones: la inmortalidad. El esfuerzo de los integrantes de *Initiative 2045* se centra en la creación de un centro de investigación internacional, en que los mejores científicos se dediquen a la investigación y desarrollo en los campos de la robótica antropomórfica con el fin de poder realizar esta transferencia del cerebro a un soporte artificial, logrando la inmortalidad cibernética.

Tal vez la compra de Calico por Google y de nueve empresas de robótica, como detallo en el capítulo siete, tenga que ver con la creación de este centro de investigación que propone Itskov. Si se realiza una producción de avatares a gran escala, el coste bajará, y cada vez se podrán transferir en el futuro más cerebros.

Dmitry Itskov y la inmortalidad cibernética

Dmitry Itskov, nacido en 1981, es propietario del imperio de medios de comunicación más importante de Rusia, también es, posiblemente, uno de los hombres más ricos del mundo. Sus inquietudes que arrastra desde la infancia y su postura atea le han llevado a invertir parte de su fortuna en empresas innovadoras, todas ellas con grandes perspectivas de futuro. Sin embargo, su gran interés se centra en la inmortalidad, donde está reuniendo todos sus esfuerzos personales y una parte importante de su fortuna. Sus detractores creen que no conseguirá que lleguemos a ser inmortales a través de su proyecto centrado en los avatares. Sin embargo, Itskov, considera que no es un derroche innecesario ni malgastar su dinero en el desarrollo de los avatares, ya que este proyecto implica un progreso de la neurotecnología que se ha convertido en una de las disciplinas de crecimiento medicotecnológico más importantes del siglo XXI.

La realidad es que las investigaciones que se están realizando en los laboratorios que subvenciona, pasan este año a la fase de prototipos y su aplicación al mercado. Desde hace cinco años, más de cien grupos de investigación se han unido en la Organización de la Industria Neurotecnológica (Neurotech) que imparte conferencias y se ha convertido en un grupo de presión con el fin de que los políticos apoyen el crecimiento y la innovación.

Itskov ha sido, sin duda, el fundador de *Initiative 2045*, denominada con esta fecha por ser el año en que Itskov se ha impuesto como límite para alcanzar la inmortalidad y culminar la transferencia del cerebro y consciencia de una persona a un avatar. El año 2045 será la fecha en que se burlará y escapará del proceso de la mortalidad, el año en que se podrá demostrar que la mortalidad era sólo un mito, una amenaza de las religiones para tener sujetos a los seres humanos prometiéndoles un hipotético más allá.

Este megaproyecto está requiriendo una potentísima inversión en la financiación de laboratorios por todo el mundo. Cabe destacar que las investigaciones que Itskov está financiando, han logrado que tenga todo el apoyo de la Organización de Industrias Neurotecnológicas, Neurotech, que ve a este ruso como un mecenas, filántropo y benefactor.

Entre el esfuerzo de Itskov y sus aliados en *Initiative 2045*, se está produciendo una fuerte movida en el sector de las computadoras, que a su vez compiten por encontrar fórmulas que puedan marcar un camino definitivo para transferir un cerebro a un avatar. Las más prestigiosas compañías del sector –IBM, Microsoft, Apple, Google, Amazon, etc.– investigan en el aprendizaje profundo y, los bioingenieros realizan grandes avances en lo que se conoce como ingeniería inversa del cerebro a través de las tecnologías neuromórficas que funcionan como las redes de neuronas reales. Un sistema que puede ser efectivo en el cerebro de los avatares y en los teléfonos inteligentes, y en los oídos y ojos de los futuros robots o avatares. Las aplicaciones prácticas son infinitas y auguran grandes negocios en el sector.

Dmitry Itskov advierte que no debemos asociar el término «inmortalidad cibernética» en donde se utilizan dispositivos eléctricos, programas de ordenadores y la transferencia del cerebro y la consciencia a un cuerpo metalizado. Para Itskov, un cuerpo cibernético, es la creación de un sistema de vida auto-desarrollado para reemplazar un cuerpo biológico por otro en mejores condiciones.

Recuerda Itskov que en la actualidad estamos formados por células que funcionan de acuerdo con ciertas reglas, lo que hace que los seres estemos sujetos a las enfermedades, la vejez y la muerte. Todo una serie de aspectos que ignoramos y que sólo nos hace pensar en la salud cuando comienza a molestarnos la enfermedad. Este mensaje del filántropo ruso es para convencernos de que la posibilidad de que nos formemos por nanorobots, nos ofrece una mayor capacidad de convertirnos en seres humanos del futuro, ya que los nanorobots podrán eliminar los defectos celulares, detener los daños y convertirnos en inmortales.

Esta prolongación de la vida servirá, según Itskov, para desarrollar nuestra consciencia y adquirir un gran conocimiento sobre el mundo que nos rodea, el Universo con sus misterios y los posibles e infinitos multiversos.

Cree Itskov que los seres humanos deben de tener la oportunidad de alargar sus vidas y ser más libres. Los avatares u organismos en los que se transfiera el cerebro humano podrán dormir si lo desean, aunque no será necesario, y comer si consideran este ritual necesario como una fuente de placer.

Itskov y la estrategia para *Initiative 2045*

Itskov defiende el derecho que tiene cada ser humano de elegir si quiere o no quiere vivir para siempre. Los que deseen alcanzar la inmortalidad y acepten los cinco principios enunciados anteriormente –alta espiritualidad, alta cultura, alta ética, alta ciencia y alta tecnología–, podrán alcanzar la inmortalidad y vivir en armonía en la Tierra.

Los detractores de Itskov lo acusan de ofrecer un plan para un puñado de millonarios, y de excluir de su megaproyecto áreas de pobreza del mundo, concretamente los países del tercer mundo.

Y serían estos países los que crearían conflictos en el mundo frente a esa diferencia entre mortales e inmortales.

Los defensores de Itskov, entre ellos el científico David Dubrovsky y yo mismo, alegamos la necesidad de un cambio social, de una transformación de un sistema ya agotado y corrompido donde los falsos valores sociales y religiosos dominan y retardan la evolución de una sociedad. Para Dubrovsky los patrones de la humanidad indican que un cambio tiene que suceder, y todo cambio implica pérdidas humanas a cambio de nuevos periodos cargados de conocimiento y tendentes a una sabiduría superior.

Las guerras, que todo rechazamos, han requerido millones de bajas para que después hayamos progresado en un mundo mejor, más justo, más libre y con nuevos adelantos que han permitido a los supervivientes vivir más años y librarse de grandes sufrimientos. Creo que ha llegado el momento de elegir entre continuar con las codicias, los odios, las venganzas, las ideologías que nos diferencian en nuestro valores, y los dogmas religiosos que nos fanatizan y nos llevan a matarnos los unos a los otros por una creencias que, ni siquiera, sabemos si son verdaderas.

Ya lo he comentado en otras ocasiones y en otros libros el hecho que ya estamos en la Tercera Guerra Mundial. Los millones de parados sin trabajo son las víctimas actuales; los que sin medios económicos no pueden salir de sus casa son los prisioneros; las fábricas cerradas, tiendas, bares, restaurantes cerrados, son los objetivos destruidos. Todo eso ya no volverá, y una nueva civilización renacerá, como el ave Fénix, de estas cenizas. Los detractores de Itskov alegan que al crear avatares indestructibles tendremos, en un futuro lejano, problemas para acabar con ellos. Pero, ¿para qué queremos matar y destruir avatares que estarán cargados de conocimientos, experiencias y sabiduría? Me temo que estos detractores de Itskov siguen pensando con una mentalidad del medioevo, del oscurantismo y de los falsos valores.

Para los profanos, los no expertos en todo el proyecto *Initiative 2045*, este megaproyecto les parece un asunto interesante. Mientras escribía las páginas de este libro, comentaba con amigos y conocidos de confianza, todo el proyecto *Initiative 2045*. A mayor cultura y estudios mayor aceptación de la idea y el megaproyecto. A menor cultura mayor miedo y rechazo a la idea, a mayor edad más miedo al cambio y más rechazo al mundo que viene. Aunque todos mostraron su preocupación y cierto temor a un cambio que afectará, plenamente, a nuestros hijos.

Este chequeo casual que realicé me sirvió para conocer mejor la capacidad de aceptación de muchas de las mentes que me rodean. Hubo personas a las que les entusiasmó y me propusieron la creación de grupos de apoyo a Dmitry Itskov, así como reuniones en las que tratásemos más a fondo las peculiaridades de *Initiative 2045*, foros de discusión y fórmulas para estar al corriente de los descubrimientos y acontecimientos.

Creo, sinceramente, que todos los seres humanos tienen la fascinación de vivir para siempre, aunque la ocultan en lo más profundo de su ser, o entre las laberínticas circunvalaciones del cerebro, en la profundidad del núcleo de sus neuronas. Somos como los genes egoístas de Richard Dawkins, defendiendo el cuerpo en el que están alojados para poder seguir traspasando su información a nuevos seres y convertirse en inmortales.

Creo que muchos de los que atacan a Itskov y su megaproyecto no son sinceros, simplemente, lamentan no estar incorporados en él. Ser inmortal nos ofrece la posibilidad de conocer muchos acontecimientos del futuro y la verdad sobre la historia del pasado que se irá desvelando con el paso de los años. Pero además, es acceder a conocimientos que se irán alcanzando por la ciencia. Conocer nuestro Cosmos, los secretos de los exoplanetas y las posibles civilizaciones que viven o han vivido en ellos. La inmortalidad nos permitirá viajar a otros sistemas planetarios como hacían los personajes de *Star Trek* en el Enterprise. En especial serán esos grados de sabiduría que podremos adquirir, una sabiduría y conocimiento que solamente se ha atribuido a los dioses.

Objetivos paralelos de *Initiative 2045*

Initiative 2045 es algo más que el Proyecto Avatar, es la construcción de una nueva estrategia para el desarrollo de la humanidad, una visión del futuro en la que están considerados los valores espirituales, éticos, científicos y tecnológicos. Esta nueva filosofía lucha para la supervivencia de nuestra especie y su estrategia está dirigida en conseguir la unión del desarrollo biológico y no biológico de la humanidad.

Esta filosofía planteada por *Initiative 2045*, es compartida por la Richard Dawkins Foundation for Reason and Science, y por Word Transhumanismte H+, ambas fundaciones laicas pero abiertas al diálogo, al espiritualismo y la ética.

También *Initiative 2045* se ha ganado la confianza del mismo Dalai Lama que, para mostrar su apoyo acudió al Congreso de Nueva York de 2013.

Para comprender la importancia del proyecto *Initiative 2045* debemos sumergirnos en algunos aspectos económicos y empresariales que nos darán una idea de lo que se está preparando y de los recursos que lo apoyan.

Dentro de estas grandes perspectivas tecnológicas, biotecnológicas y de ingeniería informática no podía dejar de estar presente la política. Sin embargo, se trata de un concepto diferente de la política que ejercemos hoy, ya que se considera que las democracias están agotadas. Son nuevos conceptos e ideas para gobernar el mundo: Tecnocracias, Cibercracias y Noocracias.

Sistemas en los que los «consejos de sabios» sustituirán a los senados de políticos profesionales, donde internet permitirá realizar continuos referéndums entre la población, y lo más importante, que también permitirá que los ciudadanos participen exponiendo sus propios proyectos de ley.

Con algunas de sus empresas está conectado al megaproyecto Bill Gates, fundador de Microsoft. Con un patrimonio, según *Forbes*, de 72.000 millones de dólares, Gates posee el 4,8% de acciones de Microsoft que se gestiona, como parte de su patrimonio, a través de Cascade Investment LLC, una veintena de firmas, entre las que está Berkshire Hathaway Inc., la sociedad que gestiona el inversor Warren Buffett, la tercera mayor fortuna del mundo.

Destacaré que las cinco primeras empresas del mundo con más poder empresarial son: Apple, Exxon Mobil, Google, Microsoft y Berkshire Hathaway; tres de tecnologías emergentes, una de petróleo y gas, y la última de finanzas.

Gates dedica su tiempo a la Fundación Bill & Melinda Gates, donde él y su esposa apoyan proyectos de investigación avanzada. Recientemente, Bill Gates y entidades vinculadas a William H. Gates III, ha comprado el 6% del capital de FFC por 113,5 millones de euros, cuya mayor accionista es Esther Koplowitz, una extraña compra en un grupo que sólo se dedicaba a la investigación y tecnología. Quise saber algo más sobre esta inversión que se apartaba de las habituales de Bill Gates.

Sepamos, inicialmente, que la principal inversión de Gates es Microsoft, con un valor de 9.551 millones de dólares; seguidamente está la Fundación Bill & Melinda Gates, con 25 empresas con un valor de más de 14.772 millones de dólares; también invierte en Cascade Investments con un valor de más de 26.800 millones de dólares.

Fue Cascade Investiments la que adquirió el 6% del capital de FCC, la segunda empresa de construcción en la que intervienen estas dos sociedades, ya que la Fundación Bill & Melinda Gates también había adquirido en China el 2% de Norincon Intl Cooperation.

Era curioso que estas empresas de inversión de Gates que preferentemente se centran en tecnología emergente, sanidad, medio ambiente, comunicaciones, química, etc., invirtieran en construcción. Me confirmó un arquitecto que se habían descubierto nuevos materiales para la construcción, posiblemente elaborados con grafeno, con los que las fachadas de los edificios podían regular su temperatura exterior e interior, sin necesidad de costosos sistemas de refrigeración contaminantes. Todo tiene su explicación.

Regresando a los objetivos de *Initiative 2045*, se aprecia que este megaproyecto aspira a la creación y la realización de una nueva estrategia para el desarrollo de la humanidad, una estrategia que cumple con los retos globales de la civilización, la creación de condiciones óptimas que promuevan la iluminación espiritual de la humanidad.

La ciencia es la que permitirá transferir la personalidad de un individuo a un avatar que podrá extender su vida de una forma indefinida. Al estar involucrado en el proyecto aspectos de alta tecnología adquiere un semblante más materialista y pragmático. Sin embargo recordemos que en los cinco principios establecidos por Itskov, encabeza el primer puesto el de la alta espiritualidad.

El megaproyecto recoge la necesidad de un máximo diálogo entre las principales tradiciones espirituales, la ciencia y la sociedad del mundo. .

Como ya he explicado son varios los centros que están trabajando ya en este mega proyecto, pero Dmitry Itskov insiste en la necesidad de un centro internacional en el que los principales científicos se centren en la investigación y el desarrollo en los campos de la robótica antropomórfica, donde existan plantas dedicadas al modelado de sistemas y de la consciencia. Un lugar dónde nazca el primer avatar y se le realice el primer traspaso de una mente humana.

Una razón para vivir y no morir

Sigamos con el Proyecto Avatar y su estrategia filosófica mundial. El Proyecto Avatar es un desafío más allá de la mortalidad que nos permitirá crear nuevos objetivos. Un proyecto cuyos fundadores han querido que se realice paralelamente en diálogo con las tradiciones culturales y espirituales del mundo. El grupo *Initiative 2045*, en el Congreso celebrado en Nueva York el 23 de junio de 2013, realizó una seria advertencia sobre el peligro de las crisis globales y de que los recursos para el crecimiento nos superarán sino realizamos un cambio de civilización. Las futuras crisis globales precisan soluciones globales. La civilización está expuesta a muchos peligros que sólo se superará globalmente: epidemias, impactos de asteroides. Se insistió en el hecho de que vivimos en una civilización con una biología muy frágil que depende de un equilibrio mundial.

La biotecnología tiene como objetivo el fin de la muerte, en una victoria de la vida sobre la enfermedad. Y esto sólo lo conseguirá a través de una superación de nuestro cuerpo por medio de las tecnologías. El Proyecto Avatar propone traspasar nuestra mente a una aplicación robótica fácil de tratar, restaurar y adaptar para conseguir una vida prolongada sin enfermedades.

Los cambios del futuro pueden acaecer en diferentes aspectos en la sociedad de consumo caótica actual y debemos estar preparados para esos cambios, debemos anticiparnos a ellos y estar listos para actuar cuando aparezcan, ya que no podemos permitirnos un crack monetario como el acaecido últimamente, ni una crisis militar, ni una epidemia incontrolada, debemos prever esos escenarios y actuar de la forma más precisa cuando asomen por el horizonte. Tenemos que preparar el futuro para que, como dice el doctor Anders Sandberg, el mundo «sea un buen lugar, y para ello, los métodos que se van a utilizar para llegar a un futuro mejor, también tienen que ser buenos».

Los promotores de *Initiative 2045* reconocen que este megaproyecto comporta muchos problemas y se requieren muchos requisitos para mantener el soporte vital del cerebro de una persona, así como la viabilidad técnica de todo un cuerpo. El cerebro trasplantado no sólo precisará una prótesis adecuada, sino la sustitución de la sangre biológica y el interface cerebro ordenador con neuroprótesis opcionales.

La transferencia de la personalidad a un soporte, primera fase del Proyecto Avatar, precisa una hoja de ruta compleja, ya que un gran número de dispositivos deben de estar conectados, y las interfaces deben saber cómo descodificar las señales de los circuitos neuronales del cerebro. Este problema se aborda hoy con la idea de una prótesis cognitiva neuronal que mantiene las funciones dentro del cerebro. El Dr. Theodore Berger lo explica de la siguiente manera: «...para sustituir circuitos neuronales en el cerebro se requiere la reconstrucción artificial de las conexiones neurona a neurona». El doctor Berger ha desarrollado un dispositivo que detecta y produce temporalmente la codificada actividad neuronal, tal como se utiliza para codificar la representación de la memoria a corto plazo. Las prótesis neuronales pueden restaurar y mejorar los procesos cognitivos mnemotécnicos.

El proyecto precisa un amplio conocimiento de nuestro cerebro, ya que su identidad está codificada en las conexiones estructurales entre las neuronas de nuestro cerebro. Precisamos un mapa detallado de las conexiones neuronales, realizado a escala nanométrica. Y es lo que trabaja el Dr. Hayworth en Janelia Farm Research Campus del Howard Hughes Medical Institute.

Los especialistas de *Initiative 2045* exploran las necesidades prácticas de la neurociencia y la ingeniería neural con el fin de acelerar el Proyecto Avatar. Un proyecto, como ya he mencionado, en el que se tienen en cuenta aspectos como la «transferencia» de la consciencia humana.

Un aspecto que aborda el equipo del físico Roger Penrose, con una revolucionaria idea de teletransportación cuántica. Todo ello dentro de la estrategia ideada por Itskov que considera los conceptos individuales y tecnologías desarrolladas como un triunfo de la evolución humana. Una estrategia que implica también una revolución espiritual.

Initiative 2045 ha abierto su red científica a la participación global, incluyendo empresas, clínicas, industria cibernética y personalidades públicas para ayudar a lograr el cambio social y tener una razón para vivir y no morir.

El grupo *Initiative 2045* ya anunció en el Congreso celebrado en Nueva York, el 23 de junio de 2013, a través de Penrose, Kurzweil e Itskov que «iban a demostrar la veracidad de las tecnologías avatar y a poner en marcha un megaproyecto que formará la base de una nueva estrategia evolutiva de la humanidad».

Este es el futuro que viene, los medios económicos no parecen ser un problema si consideramos los inmensos recursos de Itskov, la Universidad de la Singularidad del MIT, la participación de Google y Virgin.

Raymond Kurzweil y la Singularidad

Todos sabemos que Google es el mayor buscador de internet, pero no todos saben que Google se está preparándose para ir al espacio, que está invirtiendo en los mayores programas de investigación de cibertecnología y cibermedicina.

Sergey Brin es uno de los fundadores de Google juntamente con Larry Page. Brin es también un filántropo que busca soluciones a problemas que afectan a nuestro mundo: pobreza, degradación, medio ambiente, energías alternativas, etc. La exploración espacial es uno de los horizontes de Brin, por eso es uno de los cofundadores de Orbital Mission Explorers Circle, empresa dedicada al turismo espacial. Por otra parte dedica fondos al concurso para llevar una nave no tripulada a la Luna. Brin también invierte en un proyecto que estudia el Parkinson y lucha contra esta enfermedad. Brin ha heredado de su madre una mutación genética que le predispone a la enfermedad, tiene un 50% de probabilidades de desarrollarla en el futuro. Por eso ha hecho público su ADN, para buscar a través del ciberespacio patrones comunes, es una nueva técnica de investigación médica revolucionaría.

El año pasado, tras el Congreso de Nueva York en junio, Raymond Kurzweil se asoció a Google para trabajar en proyectos referentes al aprendizaje automático y al procesamiento del lenguaje. Indudablemente todos conocemos a Google, una empresa que está a la vanguardia del desarrollo, pero posiblemente muchos desconocerán quién es Raymond Kurzweil y la era Singularidad. Raymond Kurzweil es el ideólogo de *Initiative 2045*. Es el hombre que ha unido a todos los miembros de este proyecto, el que lo reveló en el Congreso de Nueva York. Para Kurzweil la era de la Singularidad, es una fecha próxima en que las computadoras alcanzarán el nivel de la inteligencia humana y la sobrepasarán. La neurocirugía se unirá a la computación para implantar chips en nuestro cerebro, será la era de la interacción cerebro-ordenador.

La era de la Singularidad y la universidad del mismo nombre son dos ideas de Raymond Kurzweil, quien cree que, gracias a ciertos avances, se vencerá a la muerte.

Pronosticó que los nanobots podrían reparar células enfermas o tumores, y ya lo están haciendo. Kurzweil ha anunciado que vivimos un crecimiento exponencial y, en diez años todos los ordenadores serán más potentes que en la actualidad, en veinte años serán un millón de veces, luego se doblará su potencia cada año.

Raymond Kurzweil es un referente mundial en el campo de la tecnología y la I.A., fundador de la Universidad de la Singularidad en Silicon Valley, conjuntamente con Peter Diamandis, y miembro de la poderosa multinacional Google.

Kurzweil es un genio que ya creó hace años una máquina de lectura para ciegos, utilizada por Stevie Wonder; ha ganado varios premios en el MIT, y sus ideas y proyectos combinan genética, inteligencia artificial y nanotecnología. Ahora con el gigante Google a su lado tenemos una combinación explosiva.

Raymond Kurzweil es uno de los componentes de más edad en el grupo de *Initiative 2045*, y sabe que dispone de menos posibilidades para llegar al año 2045 y transferir su cerebro a un avatar.

Por esta razón se ha puesto en manos del doctor Terry Grossman, con el que ha escrito varios libro, quien le prepara un combinado de 120 pastillas diarias y un control *antiaging* casi semanal. Es un tratamiento del que hablaremos en el capítulo seis, un tratamiento de transición que le permitirá llegar a la fecha prevista en unas condiciones vitales como las que tiene ahora.

Un futuro en plena eclosión

El lector tiene que comprender que nos enfrentamos a un cambio del mundo en que vivimos, en el que grandes corporaciones también están apostando por el espacio como fuente de minería, riqueza e investigación de nuestro entorno.

En este gran cambio, en la que se mezcla cibernética, ciencia, religión, nuevas tecnologías y medicina, también aparecen Virgin y Amazon que, apoyando el movimiento y las ideas expuestas, han acordado destinar sus recursos para la conquista del espacio y la explotación de los asteroides de grafeno. Ambas empresas ya disponen de sus cohetes con módulos de carga que abastecen a la ISS. Así, Space X. Space Exploration Technologies Corporation lanzó, desde su base en Hawthorne (California), el cohete Dragon con destino a la ISS en 2013; y Orbital Sciences Corporation, lanzó el cohete Antares con el carguero Cygnus en septiembre de 2013 a la ISS.

Uno de los objetivos es la minería espacial, especialmente la explotación del grafeno, mineral que se presentan como el futuro de la cibernética, la medicina y la energía. Los asteroides contienen en abundancia este mineral y traerlos a la Tierra se ha convertido en una de las misiones preferentes de las nuevas compañías espaciales.

Permítame el lector realizar una breve exposición de las personas y las empresas que están cambiando el mundo hacia un futuro espectacular. Un resumen de las empresas astronáuticas para mostrar que no estamos hablando de ciencia-ficción, sino de una realidad que está ahí incubándose y naciendo.

Planetary Resources es una empresa creada en 2010 con el nombre de *Arkyd Astronautics*, su fundador es Peter H. Diamandis, médico multimillonario fundador de *X-Prize*, cofundador de la Universidad de la Singularidad, cofundador de *Space Adventure*, cofundador de la Universidad Internacional del Espacio y una docena más de instituciones. Su socio es Eric Anderson, ingeniero aeroespacial de *Space Adventures*, presidente de International Software Corporation, cofundador del Planetario Pomer Inc. Sus proyectos los comparten otros socios destacados como Larry Page, creador junto a Sergey Brin de Google, con un patrimonio de 23.000 millones de dólares; James Cameron, director de cine, el explorador marino que ha llegado al punto más profundo de Océano, investigador en 2007 de la tumba Talpiot o tumba de Jesús; Ross Perot Jr., un empresario con un patrimonio de 1,4 mil millones de dólares; Charles Simonyi, ingeniero de software, quinto turista espacial, patrocinador de varias universidades y poseedor de un patrimonio de mil millones de dólares.

De toda esta megacorporación es *Virgin Galactic* la responsable del lanzamiento de sus vehículos espaciales, ya que disponen del cohete Launcher One. Entre esos vehículos se encuentra el Arkyd 100, un telescopio de observación; Arkid 200, un interceptor de asteroides; Arkid 300 que se desplazará al cinturón de asteroides.

Cabe citar la Deep Spaces Industries, creada por Rick N. Tumlinson de Space Frontier Foundation, que ha desarrollado los vehículos FireFly y DragonFly de 25 y 35 kilos respectivamente. También hay que citar la Foundation Inspiration Mars de Dennis Tito que trabaja en desarrollar una misión tripulada a Marte. Y finalmente Organitation Mars One que proyecta la creación de una colonia marciana para 2023, una colonia en la que los astronautas sólo tendrán un viaje de idea y ninguna posibilidad de regreso, y que pese a esta premisa, ya ha reclutado un gran número de voluntarios. El turismo espacial se iniciará en este año en curso por medio de Virgin Galactic, que tiene 600 reservas para su nave SpaceShipTwo. Reservas con un precio que oscila entre 200.000 y 250.000 dólares. Inaugurará el primer vuelo en la Space Ship Two el propio Richard Branson. Se trata de una nave con capacidad para seis personas que realizará un vuelo suborbital a 100 kilómetros de altura. Los viajes más lejanos, entre la Luna y Marte, por ejemplo, precisarán el grafeno, ya que protegería a los astronautas de la radiación espacial y solar en la que se ven sometidos en los largos viajes. De ahí el interés en este material del que hablamos en el capítulo séptimo más ampliamente.

Indiscutiblemente no sólo están las empresas americanas, sino también japonesas y la poderosa máquina militar de China. Pero la unidad de estas grandes corporaciones y su potencial económico las hacen pioneras en la conquista del espacio.

En cualquier caso precisaremos nuevos avances en la medicina y tecnología para poder desplazarnos por un medio en el que no estamos adaptados a vivir. Es ahí donde las empresas que invierten sus recursos en el espacio se involucran en *Initiative 2045* y apoyan sus investigaciones. Nunca tantas empresas han trabajado juntas y se han asociado para alcanzar objetivos comunes.

El poder de Google

La frase que rige la filosofía de Google es *Don´t be evil*[2], una advertencia que la multinacional plasma de cara a los futuros negocios que realizará con otras empresas y de cara a sus usuarios.

---

2. No seas malvado.

Su lema fue lo que impidió que Google llegase a realizar negocios con Corea del Norte, ya que este país se negaba a abrirse a internet en unas condiciones de juego limpio y sin censura.

Eric Schmidt, uno de los directores de Google, no consiguió convencer al régimen norcoreano para restringir su censura y, días más tarde, Google reveló lo que sólo sabían los satélites espías norteamericanos: en Corea del Norte existen campos de concentración o gulags. Google había cartografiado en Map Maker, con la introducción de datos de activistas, estos lugares que albergan más de 200.000 personas. Indudablemente este hecho no gustó al régimen de Corea del Norte, una dictadura de la que no existían mapas, los pocos que circulan por el país sólo señalan fronteras, alguna carretera y la capital. Hasta la aparición de los mapas de Google Earth no estaban cartografiadas las carreteras secundarias, las líneas de ferrocarril, aeropuertos y puertos. Ahora, gracias a Google, ya tenemos una descripción de este país cuyo gobierno se cierra herméticamente al resto del mundo. Y lo que es más, ha puesto al descubierto esos campos de concentración en los que deben de haber miles de disidentes.

La dictadura de Kim Jong-Un prohíbe internet en esta país en un acto de censura y silencio en el ciberespacio. Es una dictadura contra la mente del hombre, contra su capacidad de saber y conocer que, detrás de las fronteras de su país, hay algo más.

Las revelaciones de Google, sobre los campos de concentración de Corea de Norte es algo que ya sabían los potentes satélites espías KH-11. Muy posiblemente fue la Oficina Nacional de Reconocimiento (ONR), organismo del Departamento de Defensa de Estados Unidos, quien facilitó esta información o autorizó a Google a hacerla pública, ya que dentro de la estrategia diplomática, era mucho más prudente que fuese una empresa privada la que revelase esta información, y no el Gobierno de Estados Unidos que habría provocado más tensión con Corea del Norte.

Con esta revelación Google demostró su poder en la lucha por la libertad en el mundo.

Capítulo 5

LLEGAR A LOS 100 AÑOS CON EL ALIMENTO DE LOS DIOSES

*«Tus designios, Señor, son intrincados:
Mierda negra y gusanos enroscados.
Traen la muerte después de los pecados.»*
Günter Grass, *El rodaballo*

*«El único camino fundamental para la cura de cualquier enfermedad
estriba en nuestro estilo de vida diario.»*
Dr. Hiromi Shinya, *La enzima prodigiosa*

Somos lo que comemos

Todos los componentes de *Initiative 2045* llevan un estilo alimentario común en el que no se consume: leche, carne, embutidos, pescados rojos, alcohol, conservantes y tabaco. Saben que la alimentación es la base de la longevidad.

Somos lo que comemos. Nuestra salud depende de la alimentación y de los hábitos que tenemos. Todo lo que ingerimos, bebemos, respiramos o nos inyectamos transforma la química de nuestro cuerpo. Nuestra salud depende de que un alimento esté en buen o mal estado, que sea necesario o innecesario, y que lo hayamos ingerido correctamente o incorrectamente. Todo lo que penetra en nuestro cuerpo tiene sus repercusiones químicas, incluso un medicamento puede sanar alguna parte dañada y la vez transformar nuestra química interior y producirnos efectos no deseados en nuestro organismo.

Nuestros órganos reaccionan de forma diferente según lo que ingerimos sea de nuestro entorno o sea de otra región alejada. Nuestra digestión y aceptación de los alimentos dependerá de las condiciones climatológicas en que los consumamos, de la altura o de las circunstancias psicológicas de nuestra forma de consumirlos. Cada climatología requiere una alimentación adecuada, incluso una forma específica de cocinar los alimentos. Nuestro cuerpo está habituado a ingerir los alimentos autóctonos, que son los que han creado nuestro metabolismo y química interior especializada en recibir, transformar, digerir y aprovechar los elementos esenciales de esos alimentos. Por esta razón, cuando viajamos a otras regiones o países y nuestra dieta varía, nuestra química interior no reacciona con el mismo comportamiento y se producen, en algunos casos, molestias, trastornos estomacales o intoxicaciones. En un mundo globalizado donde tenemos acceso a alimentos de otros países que llegan diariamente en las bodegas de los aviones, nos enfrentamos a un cambio en nuestra alimentación, un cambio que ya está entrañando síntomas en nuestra fisiología.

La realidad es que la mayor parte de enfermedades que padecemos, por no decir que todas, son debidas a la alimentación. Si queremos vivir en un buen estado de salud y el mayor número de años posibles, tenemos que empezar por cuidar la alimentación, lo que comemos, respiramos y bebemos. Saber que todos los excesos son malos. Paracelso destacaba que «solo la dosis hace de algo veneno», con ello se determina que el abuso, en todos los alimentos, puede convertirlos en insanos. Es evidente que si comemos seis huevos cada día terminaremos por enfermar nuestro hígado. Un ejemplo evidente de este hecho es una investigación que se realizó en una de las zonas con más incidencia de cáncer de estómago de toda España: La Rioja, Burgos, Navarra y Soria. Se descubrió que esta enfermedad estaba producida por la ingestión de chuletas a la brasa, es decir cocinadas con brasas de sarmientos. Las brasas en su combustión desprenden CO_2 que se impregna en la carne y que luego se ingiere. Es evidente que si un día vamos a esta región y nos invitan a comer chuletas a la brasa de sarmientos no nos va a suceder nada, pero la costumbre reiterada de los habitantes de esta zona de realizar «chuletadas» cada semana o, incluso varias veces por semana, produce que aumente el riesgo de cáncer de estómago.

Es incuestionable que la inhalación de humo de la leña expone a los humanos a altos niveles de endotoxinas y partículas de hollín. La carne asada o a la brasa mejora el sabor y la digestión, pero también crea modificaciones químicas y genera los productos finales de la glicación avanzada, que contribuyen a producir enfermedades como la diabetes.

Vamos a ver a lo largo de este capítulo lo que es bueno y lo que es malo en la alimentación, lo que precisamos y de lo que podemos prescindir. Vamos a tratar de explicar qué alimentación deberíamos consumir y de que hábitos debemos desprendernos si queremos alcanzar una vida larga y sana. También veremos muchas «leyendas urbanas» referente a los alimentos, «leyendas» que explican cualidades que son inciertas y facultades que pertenecen a máximas de hace siglos. El objetivo es conocer una dieta sana para poder alcanzar los cien años de vida o muchos más.

La clave está en las enzimas

He recogido parte de la información de los estudios del doctor Hiromi Shinya, especialmente en lo que concierne a las enzimas. Sin embargo, no puedo estar completamente de acuerdo con él en lo que respecta a alimentos que rechaza y que, para muchos neurocientíficos, son esenciales para el cerebro. También encuentro que se centra exclusivamente en la dieta japonesa y americana y olvida la dieta mediterránea que siempre ha sido considerada como una de las más sanas. En cualquier caso tiene razón en lo que se refiere a las enzimas, los radicales libres y las causas de la oxidación de nuestro cuerpo, orígenes de nuestro envejecimiento. También recojo información del doctor Terry Grossman, médico personal de Ray Kurzweil y miembro de *Initiative 2045*. Terry Grossman es fundador del Instituto Frontier, en Denver, Colorado, centro médico líder en temas de longevidad donde se aborda la nutrición y el antienvejecimiento. El doctor Grossman trabaja con vitaminas, minerales, antioxidantes, hormonas naturales y elementos que ayudan a las enzimas. Tiene en su consulta a los personajes más importantes de la sociedad, y es normal cruzarse en los pasillos de su instituto con políticos importantes y artistas de cine conocidos. Hablaremos más ampliamente de él y sus tratamientos *antiaging* en el capítulo siguiente.

Sobre el doctor Hiromi Shinya destacaré que ha aportado importantes avances en la colonoscopia. Es Jefe de Unidad de Endoscopia Quirúrgica del Centro Médico Beth Israel en Nueva York, y profesor de Cirugía Clínica del Colegio de Medicina Albert Einstein. Entre sus libros hay que citar *La enzima prodigiosa* en el que defiende la necesidad de una alimentación sana y plantea cómo vivir una vida larga y saludable.

Inicialmente matizaré que el doctor Shinya, igual que su colega Grossman, advierte que la clave para una larga vida está en las enzimas. Definiremos una enzima como una proteína catalizadora que se forma dentro de las células de los seres vivos. En los alimentos que consumimos diariamente se producen más de cinco mil tipos de enzimas, cada una con una característica especial y una función específica.

¿Qué función tienen las enzimas? Son vitales ya que nuestra salud depende de lo bien que mantengamos las enzimas madres del cuerpo. Las enzimas son un elemento fundamental para controlar la salud. Lamentablemente la vida que llevamos está plagada de elementos que consumen nuestras enzimas madre: elementos como la ingestión de alcohol, el tabaco, el aire enrarecido que respiramos, la contaminación de las ciudades, las ondas electromagnéticas e incluso nuestros estados psicológicos y anímicos. Las actividades de nuestro cuerpo están reforzadas por muchas enzimas que se fabrican dentro del cuerpo o vienen de fuera. La mayor parte de las fabricadas en el cuerpo se producen por las bacterias intestinales. Si se comen muchos alimentos frescos, con muchas enzimas, dispondremos de unas buenas características intestinales. En general todos los alimentos deben ser frescos, es un principio incuestionable para nuestra salud.

Lo importante es tener muchas enzimas que no se pierdan por el abuso del alcohol, el tabaco, el exceso de alimentación, los alimentos con aditivos, el estrés y el uso de medicamentos. Los seres humanos somos muy propensos a ingerir medicamentos ante cualquier molestia que sentimos y, en algunos casos, es peor el remedio que la enfermedad.

Aunque no tengamos dolencias nunca estamos completamente sanos, siempre hay algo que funciona mal en nuestro cuerpo, desarreglos de estreñimientos, diarreas, insomnio, pequeñas molestias que, con toda seguridad son debidas a nuestros malos hábitos y, en especial, a la alimentación. No voy hablar de aspectos mentales, como estrés, traumas, bloqueos y otros factores que nos afectan a todos en nuestro cerebro y repercuten en la salud de todo nuestro organismo. El lector encontrará una buena relación de estas enfermedades mentales y psicológicas, así como sus causas, consecuencias y tratamientos en mi libro *Cerebro 2.0*.

Las «leyendas urbanas» de la alimentación

Veamos algunas leyendas urbanas sobre la comida, no sin antes aceptar que cada cuerpo humano es distinto, y que lo que a unos sienta bien a otros les sienta mal, sin que ello quiera decir que algunos alimentos que sientan bien a todos, a la larga sean dañinos para el cuerpo.

El doctor Hiromi Shinya destaca que es un mito que el yogur mejore la digestión y otro mito aun mayor que la leche beneficie al calcio. Mantiene que es contraproducente tratar de mantener una dieta alta en proteínas. Para Shinya el yogur no mantiene la salud intestinal. Y el exceso de leche es contrario a la producción de calcio.

La leche, según los datos clínicos, tiene una gran probabilidad de desarrollar una predisposición a las alergias. La leche contiene grasas oxidadas que dañan el ambiente intestinal, aumentan las bacterias y destruyen el equilibrio de la flora intestinal bacteriana. La leche no ayuda a prevenir la osteoporosis, sino que beber mucha leche puede causar osteoporosis. Cuando la concentración de calcio en la sangre sube de repente, el cuerpo intenta revertir ese nivel anormal excretando calcio de los riñones a través de la orina. Es decir, beber leche para producir calcio disminuye el nivel general de calcio en el cuerpo.

La valoración de determinados alimentos y sus facultades o toxicidad ha ido cambiando con el tiempo. A medida que hemos progresado en bioquímica, medicina, nutrición, etc., hemos descubierto las complejas interacciones que tienen los alimentos con el cuerpo humano, lo que produce radicales libres y lo que nos oxida envejeciéndonos.

La carne: caníbales de animales

Desde hace 2,5 millones de años nuestros antepasados comían carne cruda de grandes animales. Hace 1,8 millones de años el hombre primitivo empezó a comer carne asada, ya que los alimentos pasados por el fuego resultaban más fáciles de digerir y más nutritivos que la comida cruda. Para algunos neuroantropólogos la cocción permitió desarrollar el voluminoso cerebro que caracteriza al *Homo sapiens*. Comer carne asada no requería estar todo el día masticando y, por tanto, nuestros antepasados disponían de más tiempo para cazar y más tarde recolectar. La cocción desarrolló una dentadura y un intestino menor que requería menos energía, lo que permitió destinar las calorías al cerebro. Para el antropólogo Richard Wrangham, cocinar los alimentos nos hizo humanos e impulso la evolución y nuestro voluminoso cerebro.

La carne, y en eso todos estamos de acuerdo, ha sido el peor alimento que ha ingerido la humanidad. El hombre primitivo empezó a comer carne cuando sus antepasados, homínidos, abandonaron los árboles definitivamente y se instalaron en las llanuras, anteriormente la dieta era vegetal, frutas y granos (nueces, piñones, etc.). El descubrimiento del fuego, la primera energía, trajo sus grandes ventajas pero también sus desventajas al cocinar la carne. La carne es un alimento que más toxinas contiene, que más enfermedades puede transmitir y que más grasas, fatales para el cuerpo humano aporta.

Es falso que los músculos no se desarrollen si no se come carne, como es falso que no se crezca, dos leyendas urbanas de la alimentación. La realidad es que la carne puede acelerar el proceso de envejecimiento. Las dietas altas en proteínas, como la carne, dañan la salud. La principal razón por la que la ingestión de carne daña nuestros intestinos es porque la carne no contiene fibra, sino grasa y colesterol.

Personalmente, no soy vegetariano, pero hace años que mi consumo de carne descendió estrepitosamente. Hoy, tal vez una vez al mes, consumo un filete de carne o unas costillas, el primero casi crudo. ¿Por qué? Lo desconozco, solo sé que mi cuerpo, sin ninguna razón ni ninguna enfermedad, empezó a rechazar la carne y los embutidos. Sinceramente tengo que destacar que me encuentro mejor, que mis análisis son perfectos y que no necesito para nada las proteínas de la carne. De cualquier forma no me he convertido en un maniático vegetariano, si algún lector me invita a comer a su casa no le haré un feo si sirve carne, la comeré porque una cosa es el fanatismo vegetariano y otra cosa es comer la menor cantidad de carne posible. Se sabe que la mayor parte de los vegetarianos renuncian a la carne por motivos morales, por el sufrimiento de los animales domésticos destinados a la alimentación, por la forma como se crían, se transportan y se sacrifican.

En la actualidad, según los datos estadísticos, aumenta el consumo de carne en los países emergentes, mientras que se ha estabilizado en los países industrializados. Sin embargo, en estos últimos el consumo es muy elevado, pese a que los escándalos relacionados con la carne han producido cierta desconfianza en el consumidor. Se ha vendido carne de ternera o vaca alimentada con productos que estaban prohibidos y este fraude es, sin lugar a ninguna duda, un atentado contra la salud humana.

La realidad es que la carne contiene una gran cantidad de ácidos grasos saturados, que aumentan el colesterol «malo» en la sangre. Se ha podido comprobar que los vegetarianos tienen una menor posibilidad de padecer diabetes. Algunos estudios demuestran que los vegetarianos enferman menos de cáncer. Sin embargo, la dieta vegetariana conlleva el riesgo de padecer déficits alimentarios, y al no comer carne carecen de la vitamina B12 que sólo se encuentra en los productos de origen animal.

El doctor Shinya, y otros médicos especialistas en alimentación, afirman que las toxinas de la carne alimentan las células cancerígenas, ya que los subproductos de la grasa animal excesiva y la digestión de la proteína pueden dañar el ADN, convirtiendo las células en cancerígenas. También las proteínas producen reacciones alérgicas. Muchas alergias difíciles de diagnosticar proceden de las proteínas. Se ha demostrado que el exceso de proteína sobrecarga el hígado y a los riñones. Y finalmente la ingestión excesiva de proteína provoca una deficiencia de calcio y osteoporosis.

¿Tenemos que comer proteínas?, se preguntará el lector. En realidad la cantidad de proteína que requiere una persona es de un gramo por kilogramo de peso corporal. Si pesamos 70 kilos, debemos consumir 70 gramos. El exceso de proteínas se convierte en aminoácidos por las enzimas digestivas, aminoácidos que van al hígado y que consumen gran cantidad de enzimas. El exceso de proteínas de la carne consumida acelera el deterioro de la salud intestinal.

Si no comemos carne ¿comemos pescado? La verdad que también el pescado tiene sus inconveniente si se come en exceso, los que comen sólo pescado no desarrollan divertículos. Por otra parte el pescado cada vez entraña más riesgos de estar contaminado por mercurio o por vertidos incontrolados en alta mar.

Lo malo está en las grasas animales y también la temperatura del animal que las aporta. La grasa de una animal cuya temperatura es más alta que la del cuerpo humano, 37°C, debe ser considerada como mala, si es más baja se considera buena, es evidente que el pescado tiene una temperatura más baja, pero no así las vacas, el cerdo, las aves que rondan los 38 y 40 grados centígrados, o la de un pollo que alcanza los 41,5°C. En este contexto sólo el pescado tiene sus ventajas, pero habría que distinguir entre los pescados de carne roja y carne blanca, y sólo estos últimos son mejores, ya que la carne roja del pescado tiende a oxidarse más rápido debido a su contenido de hierro. En el contexto del pescado tenemos que olvidar el atún y el bonito. Por otra parte debemos evitar los pescados grandes, ya que son los que contienen más mercurio.

Dejemos la carne y estaremos más sanos en todos los aspectos, luego veremos cómo podemos suplir las proteínas, sin es que la necesitamos. Que quede claro que podemos vivir sin comer carne e incluso con una salud mejor. Los mejillones, por ejemplo, aportan todas las proteínas necesarias y sustituyen a las de la carne. Claro que hay que asegurarse que se han criado en aguas sin contaminar, especialmente de petróleo.

Sé que el lector alegará que si todo está contaminado por dióxido de carbono, petróleo o mercurio ¿qué vamos a comer? Hasta ahora le hemos dado poca importancia a alimentación, pero en la época de la industrialización la contaminación de ha convertido en un elemento que afecta muy seriamente a la salud, y en consecuencia al cuerpo humano. Por tanto, como ya he explicado antes, tenemos que comer productos que ofrezcan garantías de ser sanos y frescos. Tenemos que elegir con más cuidado cuando vamos a comprar, ir a lugares de confianza, examinar con más detalle las agallas de los pescados y sus ojos, las primeras que estén rojizas y los ojos claros. También debemos conocer el origen de los alimentos que adquirimos, ir a tiendas cuyos propietarios nos inspiren confianza. Y si nos vemos obligados a comer fuera de casa, tenemos que elegir con más cuidado nuestro menú, y huir de esos locales donde el comedor huele a fritos.

Otro de los alimentos que tenemos que tachar de nuestros hábitos es la margarina, es el alimento que contiene la mayor cantidad de ácidos grasos «trans».

Sobre las grasas «trans» artificiales, las que se producen al hidrogenar ciertos aceites vegetales para que sean más sólidos y los alimentos parezcan más atractivos, podemos afirmar que son las peores. En Estados Unidos la agencia que regula los fármacos y alimentos, considera que estas grasas contribuyen a crear problemas cardiovasculares y de obesidad. Esta agencia está dispuesta a vetar la presencia de grasas «trans» artificiales en los alimentos, ya que científicamente se evidencia que contribuyen a obstruir las arterias, producen que se eleve el nivel en sangre del colesterol malo. Los principales alimentos que contienen grasas «trans» son las pizzas congeladas, los productos horneados, las palomitas y los bollos industriales.

El doctor Shinya está en contra del consumo de aceites, especialmente los extraídos de formas artificiales, ya que los aceites expuestos al aire, inmediatamente comienzan a oxidarse. Shinya recomienda que el aceite no debe emplearse para cocinar, y sobre el aceite de oliva lo considera potencialmente cancerígeno. Sin embargo, muchos neurocientíficos apoyan la necesidad de consumir aceite y oligoelementos, ya que es esencial para el cerebro. Es en este punto donde discrepo con el doctor Shinya, ya que el cerebro es el órgano del cuerpo humano que más aceite consume. Una dieta deficiente en aceite puede secar el cerebro. Recordemos que una de las dietas que se ha considerado más sana es la mediterránea, en la que el aceite crudo abunda para aliñar las ensaladas, para poner sobre el pan y para enriquecer casi todos los alimentos crudos que, por general, son vegetarianos. Incluso es utilizado en algunas pastas. Indudablemente el aceite puro virgen de oliva es el más saludable.

La tecnología para escanear lo que comemos

Uno de los reportajes más logrados que realizó la revista *Interviú* hace años tenía que ver con el derecho que tenemos a examinar lo que comemos. Brevemente, en el citado reportaje, un individuo solicitaba un menú en el restaurante del aeropuerto de Madrid. Le servían y seguidamente extraía un microscopio de un maletín que llevaba y, tras cortar con un bisturí una fina lasca de carne de su bistec, procedía a examinarlo en el porta que la había colocado. Cuando el maître le inquiría si sucedía algo, el personaje alegaba que siempre examinaba lo que ingería. Ante este hecho el maître le reprochaba lo que hacía y que lo hiciese allí en el comedor de forma pública. A lo que el «personaje provocador del reportaje» alegaba que estaba en su derecho de examinar lo que comía y que no había ninguna ley que le prohibiese hacer este examen. El «provocador» se había estudiado con antelación la legislación y sabía que había un vacío legal en ese aspecto.

Su examen de lo que comía fue seguido con atención por otros clientes del restaurante, hasta el punto que uno de ellos se levantó con su plato de carne en la mano y acudió a su mesa solicitándole que también examinase su bistec ya que le encontraba un sabor extraño. El «provocador reportero» examinó un trozo de bistec al microscopio y luego añadió al comensal que esperaba de pie con el plato en la mano: «Puede comérselo, está bien». Todo aquel espectáculo era recogido por los *zooms* fotográficos de otro reportero desde fuera del restaurante.

Un examen de lo que vamos a comer puede, ahora, convertirse en una realidad con los avances de la cibertecnología. La experta en medicina preventiva, Isabel Hoffmann, y el matemático Stephen Watson, ambos de Canadá, han creado el TellSpec para escanear lo que comemos.

El TellSpec es un pequeño aparato del tamaño de un móvil y de un peso de 80 gramos, incorpora un escáner espectrómetro láser y un algoritmo que analiza la información y la envía a una aplicación *smartphone*.

Con el TellSpec podremos ir al restaurante y pasarlo por encima del alimento, sólido o líquido, que nos han servido al mismo tiempo que disparamos, con un botón que lleva incorporado, un rayo láser de baja intensidad. El TellSpec envía la información al móvil del comensal, y este, puede saber si el alimento contiene alguna propiedad a la que es alérgico, así como los componentes químicos, propiedades calóricas y nutritivas de lo que le han servido. Para el caso de los celiacos se convierte en un gran adelanto.

El TellSpec evita tener que montar en la mesa el microscopio, colocar una muestra cortada en el porta y examinarla, un análisis en el que sólo comprobaríamos la imagen de la carne y sus textura. Por supuesto que el TellSpec se convierte en un instrumento más discreto y, especialmente, práctico para aquellos que tienen alergias a determinados componentes. El TellSpec será el terror de los maîtres y chef de la cocina.

Los medicamentos: una química irresponsable

Hablemos de los medicamentos, esos remedios farmacológicos que penetran en nuestro cuerpo para curar alguna dolencia y, a la vez, trastornan y alteran toda la química interior de nuestro organismo. En realidad todos los medicamentos son productos químicos ajenos al cuerpo, la mayor parte nocivos para nosotros a largo plazo.

Algunos medicamentos nos curan o nos quitan el dolor, pero a base de victorias pírricas. Todos debiéramos leer las contraindicaciones de cualquier medicamento que consumamos por inocuo que nos parezca. El inofensivo ácido acetilsalicílico, la aspirina, uno de los principios activos más efectivos para la reducción de dolores y la fiebre, puede ser alérgico para algunas personas, acentuar la úlcera de estómago y el asma en otras, contraproducente para quien padece hemofilia o problemas de coagulación de sangre, así como quien padece insuficiencia renal o hepática, etc. Sus contraindicaciones añaden una larga lista de posibles efectos adversos, efectos que en algunos se producirán y en otros no, por el hecho de que somos distintos, nuestra química es diferente en cantidades y producción. Asimismo un simple comprimido de aspirina puede convertirse en detonante de otros efectos si lo tomamos combinado con otros medicamentos, como antidepresivos, anticoagulantes, antidiabéticos orales, barbitúricos, betabloqueantes, corticoides, etc.

Personalmente consumo aspirinas cuando padezco dolor de cabeza, lo hago siempre con el estómago lleno y soy consciente de que no se debe abusar de este analgésico. En una entrevista a monseñor Tarancón, en la que le advertí que yo no era creyente, me argumento que todos terminamos creyendo en algo. Entonces, aprovechando esta respuesta, le pregunté: ¿Y usted en que cree monseñor?, a lo que me contesto: «En la aspirina y en el bicarbonato, me van muy bien».

El lector dirá que una aspirina es lo que más rápidamente le calma un dolor de cabeza. Ante esto muchos especialistas advierten, entre ellos el doctor Shinya, que cuanto más rápidos son los efectos del medicamento, mayor es su toxicidad.

Claro que con más contraindicaciones están los antiinflamatorios, un medicamento aún necesario que debiera haber desaparecido del Vademecum hace mucho tiempo. Si se produce una lesión de ligamentos o muscular, es mejor que prepare agua caliente, arroje sal y vinagre que tomar cualquier tipo de antiinflamatorio.

Destaca el doctor Hiromi Shinya que los antiácidos a los que muchas personas son adictas, y que consumen después de las comidas, alivian pero empeoran el estómago, ya que al suprimir los ácidos gástricos se destruye el equilibro bacterial en el intestino, debilitando el sistema inmunológico. Cuantos más antiácidos se consuman más daño se genera al cuerpo. Shinya aconseja suprimirlos y evitar alimentos que nos produzcan acidez en el estómago.

La quimioterapia: un tratamiento que ni el diablo quiere probar

Determinados tratamientos de enfermedades son fatales para el resto de nuestro cuerpo. Son parches que han solucionado un problema pero han podido producir un torrente de otros problemas y desequilibrios químicos. En los tratamientos contra el cáncer se produce esta contradicción, y ahí tenemos el caso de la quimioterapia, un mal menor del que la medicina tiene que echar mano hasta que descubramos otra terapia menos invasiva y agresiva. O hasta que sepamos dirigir la quimioterapia hacia un lugar concreto sin alterar el resto del cuerpo. La nanomedicina parece ser lo más efectivo, pero aún está por desarrollarse y comprobar su verdadera efectividad.

La quimioterapia se utiliza tras la cirugía de cáncer para evitar que la enfermedad se esparza, aunque no haya evidencias de que el cáncer presente metástasis. Pero la quimioterapia envenena muchas células del cuerpo, sanas o malignas, es como el «fuego amigo» del combate que mata al enemigo pero también a sus propios soldados. Existe la creencia que en el cuerpo humano se regeneran las células buenas y que las malignas no sobrevivirán. Pero hay especialistas que no creen esa posibilidad.

La quimioterapia, dicho por muchos facultativos, es un veneno mortal, ya que entran en el cuerpo humano liberando grandes cantidades de radicales libres altamente tóxicos. Al mismo tiempo, la quimioterapia, puede ser considerada carcinógena.

La quimioterapia tiene más posibilidades de funcionar en pacientes jóvenes porque tienen más enzimas madre para ayudar al cuerpo a recuperarse de este fuerte tratamiento. En cualquier caso nada podrá evitar los efectos secundarios de la quimioterapia con la pérdida de apetito, las náuseas, la caída del cabello, etc. La quimioterapia es un invasor que penetra en nuestro cuerpo para liberarlo de un enemigo que lo está destruyendo, es un invasor químico que no distingue entre buenos y malos y elimina todo a su paso, como una agente químico militar. En muchos casos libera y acaba con el cáncer, pero a un alto precio destructivo, dejando un cuerpo en ruinas que las enzimas tendrán que reconstruir.

Hiromi Shinya cree que los enfermos de cáncer son, no en su mayoría, personas que han tenido una dieta basada en proteínas de animales y lácteos: carne, pescado, huevos y leche. Y concluye el doctor Shinya que cuanto más temprano y con más frecuencia se consuma una dieta animal antes se desarrollará una enfermedad. Los efectos y los hábitos alimenticios se acumulan en el cuerpo.

En la actualidad, los nuevos avances técnicos en tratamientos y las investigaciones biomédicas, han conseguido reducir globalmente la mortalidad asociada al cáncer. Pero con esta enfermedad el mejor tratamiento son los programas de la detección precoz. Hay que realizarse, por lo menos anualmente, análisis y chequeos. Cada cáncer es diferente, por ello la medicina moderna trata el tipo específico de cáncer de cada paciente de una forma diferente. Es decir, se tiende al tratamiento personalizado.

Receta para alcanzar la eternidad

Inicialmente debemos consumir, los hombres, 2.000 calorías diarias, y las mujeres 1.600. El problema es controlar las calorías que tienen los alimentos envasados, ya que las calorías que aparecen en las etiquetas son inexactas, pues ignoran la complejidad de la digestión y la forma cómo hemos preparado ese alimento. Intervienen factores cómo el número de bacterias que hay en nuestro intestino y la energía que utilizamos para digerir. Sepamos que dos kilos de nuestro peso son bacterias que habitan sobre la piel, en las vías respiratorias, en el intestino, etc. Estas bacterias nos defienden de otros patógenos que provocan infecciones.

Lo que debemos de hacer es elegir alimentos que contengan muchas enzimas. Verduras, frutas, pescado o carne fresca contendrán gran número de enzimas. Pero recordemos que cuanto más cocinemos un alimento, más enzimas se perderán, ya que estos son sensibles al calor. Los alimentos frescos, además de contener muchas enzimas, no están oxidados. Y esta oxidación es muy importante para la salud, ya que cuando los alimentos están oxidados forman radicales libres, que pese a que eliminan virus, bacterias e infecciones, por encima de cierto nivel también destruyen las membranas celulares y el ADN.

Envejecemos porque nos oxidamos y nos oxidamos porque respiramos, necesariamente, oxígeno. El 98% de oxígeno que respiramos lo utilizamos para generar energía, pero hay un 2% que genera radicales libres en nuestro cuerpo, y los radicales libres son los que deterioran las células y nos hacen envejecer. Es como un círculo vicioso, a medida que envejecemos producimos menos antioxidantes y generamos más radicales libres. Sólo rompemos este círculo si obtenemos antioxidantes de nuestro entorno, algo que podemos realizar a través de una dieta alimenticia adecuada.

Uno de los enemigos más importantes de nuestra salud es la obesidad. Sepamos que cada año mueren en el mundo 2.800.000 personas a causa de alguna enfermedad relacionada con la obesidad. El 60% de la población europea será obesa en 2050. Y, en la actualidad, los gastos médicos anuales relacionados con la obesidad ascienden en Estados Unidos a 155.000 millones de euros, siendo este uno de los países donde existen más obesos.

La obesidad es un mal que aumenta en los países desarrollados. Pese al nivel de cultura de la población, los obesos subestiman el impacto de la enfermedad, pese a ser advertidos por sus facultativos de que produce numerosas dolencias crónicas y un alto índice de mortalidad.

Un dieta para la inmortalidad

¿Qué sería una dieta sana según los especialistas en nutrición? La dieta que presento a continuación está basada en los consejos alimenticios del doctor Shinya y los del doctor Grossman. Ante todo unos hábitos sanos. Horarios fijos en las comidas, dormir las suficientes horas, hacer ejercicio sin exagerar, no fumar, no beber en exceso, consumir los mínimos medicamentos posibles. El ejercicio debe ser moderado ya que el exceso hace que el cuerpo libere radicales libres. Psicológicamente hay que ser positivo, optimista, practicar el buen humor y hacer trabajar el cerebro en la lectura, los conocimientos, el estudio, en resumen ejercitarlo. Debemos escuchar nuestro cuerpo, ver que nos solicita y satisfacerlo. Pero no debemos confundir vicios con apetencias. Veamos unas reglas elementales:

- Cerca del 90 por ciento de los alimentos que ingerimos deben ser vegetales, y sólo un 10 por ciento integrados por proteínas animales. Hay que comer más pescado blanco y menos aves, pollo y pato. Y evitar, sobre todo, la carne de buey, cordero, ternera y cerdo.
- Hay que evitar los lácteos, especialmente la leche de vaca, los dulces, el azúcar y, muy especialmente, la sal.
- Los condimentos deben ser rechazados, igual que muchos conservantes.
- Debemos comer más frutas y beber más agua, dos litros diarios.
- Calentar los alimentos por encima de los 48ºC elimina las enzimas. Es mejor comer alimentos crudos o ligeramente al vapor.
- No comer alimentos oxidados, especialmente fruta.
- Evitar los laxantes y antiinflamatorios.

Entre la lista de los alimentos antioxidantes tenemos el ajo, fresas, cerezas, uva, kiwis, cebolla, brécoles, nueces, pimiento, tomate, zanahoria y papaya.

Una buena alimentación evitará mucha de las enfermedades que contraemos, combatirá la obesidad y prevendrá padecimientos crónicos degenerativos. La alimentación es una de las claves de la longevidad, podemos llegar a centenarios con una buena salud si hemos practicado una correcta alimentación. No podremos evitar, tarde o temprano que una determinada enfermedad nos obligue a ingerir medicamentos y, ya hemos explicado que están compuestos de una química ajena a nuestro cuerpo que no la beneficia, son un mal menor. Es posible que dentro de unos años la tecnología, biología y las nuevas especialidades nos hagan inmortales, pero hasta entonces tenemos que aguantar y conseguir que nuestra vida llegue lo más lejos posible, y una buena alimentación es uno de los medios.

En la actualidad, en España, la esperanza de vida es de 80 años, pero muchos de los niños que nazcan ahora tendrán una esperanza de vida de 100 años. Tal vez con los avances y conocimientos de la medicina regenerativa y biomedicina, se alcanzarán una esperanza de vida que llegue a los 150 años, y si hacemos caso a los impulsores de *Initiative 2045*, llegaremos a la inmortalidad.

Capítulo 6

ANTIAGING: LA ETERNA JUVENTUD

*«Dime espejo, espejito mágico: ¿Quién es más bella,
yo o Blancanieves?»*
Del cuento *Blancanieves y los siete enanitos*

«Envejeceremos juntos.»
Sean Connery en la última escena de la película *Robin y Mariam*

*«–Soy un buen cirujano… tal vez podría liberarlo de su problema.
–¿Cuál problema?
– Ya sabe… la joroba.
–¿Qué joroba?»*
(Diálogo entre el Dr. Frankenstein y Igor,
interpretados por Gene Wilder y Marty Feldman).
De la película *El jovencito Frankenstein*.

Doctor, quiero rejuvenecer

Al hablar de *antiaging* hay que hacer una distinción: los tratamientos que son para alargar la vida y los tratamientos que tienen como objetivo tener un aspecto físico exterior mucho más joven.

Para los primeros hay que tener en cuenta la edad cronológica y la edad biológica. La cronológica es la que indica nuestro DNI, y la biológica deberá determinarse por el estado del organismo, y esto sólo se consigue a través de pruebas físicas, psicológicas, hormonales y genéticas.

Los tratamientos *antiaging* para rejuvenecer el aspecto físico exterior, la imagen, no consiguen rejuvenecer nuestra biología interior. Sin duda, tener un buen aspecto ayuda psicológicamente a consolidar la confianza y encontrarse mejor, quitan años de encima pero sólo de la fotografía de «nuestro DNI», no de nuestra biología. Sin embargo, si los médicos han medido la edad biológica con pruebas concretas, conocen el estado real del organismo para poder actuar sobre él de la forma adecuada, con las dietas convenientes y los fármacos que ayuden a impedir el envejecimiento interior.

Me explicaba un médico de tratamientos *antiaging* o medicina para el rejuvenecimiento, que los pacientes que utilizan estas técnicas buscan lo novedoso, el último grito en tecnología *antiaging*. Por supuesto desconfían de aquellos centros especializados que carecen de sistemas sofisticados con compleja tecnología, existe un rechazo a las viejas técnicas con masajes de productos naturales. Es como si estos antiguos ungüentos no solucionasen nada y sólo las nuevas tecnologías fuesen milagrosas. Prefieren tratamiento con técnicas combinadas de energía de radiofrecuencia bipolar a 150 vatios, con energía óptica, láser o luz infrarroja, que ofrecen mayor penetración en la dermis más profunda. En cuanto al tratamiento *antiaging*, me seguía explicando ese mismo médico, que los pacientes acuden con dietas novedosas que practican los vip en famosas clínicas de Estados Unidos dirigidas por populares médicos.

El razonamiento de los pacientes de *antiaging*, es como el que acude a un mecánico de coches y este carece de equipos electrónicos y ordenadores para chequear el vehículo. El cliente piensa que puede ser un buen mecánico con sus llaves inglesas y destornilladores, pero está demodé y ya no puede reparar los nuevos modelos con ordenadores a bordo que dirigen toda su mecánica.

La realidad es que el paciente no se conforma con masajes, baños de minerales o cremas, exige una remodelación corporal realizada con los avances tecnológicos más sofisticados.

La gente quiere tener buen aspecto externo, especialmente en un sistema social en que lo importante es la imagen. El acceso a un empleo depende, lamentablemente, del aspecto que tenga el aspirante. En unos grandes almacenes los dependientes tienen que estar acordes de imagen con la sección en la que despachan. En perfumería se exigirá mujeres atractivas y en deportes o sastrería jóvenes con buen tipo. Si no es a través de oposiciones, una persona desafortunada físicamente, lo tiene difícil para encontrar trabajo.

Estos hechos de un sistema que valora lo externo obliga a aquellos más desafortunados estéticamente o a los que empiezan a sobrepasar cierta edad y sienten el peso de las arrugas de la piel, a acudir a los especialistas para que estiren su piel, les hagan *lifting*, etc. Especialmente las mujeres han sido los principales pacientes de estos centros de rejuvenecimiento físico, pero en la actualidad vemos que también son los hombres los que acuden a realizarse tratamientos similares.

Hay quien no está satisfecho con su aspecto y quiere cambiarlo. Este cambio puede tratarse de un sencillo estiramiento de su piel, hasta una más compleja operación de nariz, mandíbula o injertos de cabello. No van a conseguir un rejuvenecimiento biológico, pero sí una imagen que les agradará y que psicológicamente los convertirá en otras personas. Y, si psicológicamente, alguien se encuentra bien, su biología interior también se ve afectada, así como su inmunología. Producirá más linfocitos T, que tienden a disminuir cuando un individuo está deprimido, lo que produce un descenso de sus defensas inmunológicas. Muchas causas de depresión, insatisfacción y malestar tienen como origen el aspecto externo del enfermo, o el irremediable paso de los años con sus arrugas, ojeras y pérdida del cabello.

La belleza perenne tiene un coste

Existen muchos tratamientos que se centran contra la flacidez, esa característica que surge a partir de los 40 años. El tratamiento más famoso en la actualidad es el ácido poliláctico, el inductor del colágeno más potente que se autoriza utilizar médicamente, y que rejuvenece sin que el aspecto parezca artificial, ya que actúa contra la pérdida de firmeza de la piel. Sus infiltraciones tienen efecto en tan sólo tres sesiones, ya que el efecto lifting permite levantar los tejidos caídos. Dicen que también retrasa su envejecimiento, pero esto es más dudoso.

Uno de los productos que está en alza en el mercado *antiaging* es el Resveratrol que tiene propiedades antioxidantes y, según estudios realizados, ralentiza el proceso de envejecimiento celular. Se puede sintetizar y también encontrarlo libremente en determinados alimentos. Se trata de un polifenol presente en la uva, ostras y nueces. Los estudios científicos destacan que activa una proteína llamada sirtuina que ralentiza el envejecimiento de la piel. Algunos especialistas destacan que habría que beber muchos litros de vino para que tuviese efectividad, hecho que sería contraproducente por el exceso de alcohol. En cualquier caso, al poderse sintetizar, lo encontramos en cápsulas de diferentes marcas.

La piel es el objetivo de los tratamientos *antiaging* referidos al aspecto físico externo. La piel pierde elasticidad, firmeza y luminosidad con el paso del tiempo. Las causas principales de este deterioro son las radiaciones solares, el tabaco, la polución, etc. Causas que producen un exceso de radicales libres que inducen a la oxigenación. Ya hemos visto en el capítulo anterior las consecuencias biológicas que los radicales libres tienen en nuestro organismo, así como los efectos de la oxigenación en el envejecimiento humano.

Los tratamientos *antiaging* para la piel, también deben ser ayudados con la alimentación y la vida sana. Hay que cambiar de hábitos y evitar todos aquellos vicios que no son sanos, tenemos que poner algo de nuestra parte. La piel es la más afectada por una mala alimentación, es la que refleja inmediatamente las consecuencias de una alimentación inadecuada. La presencia de toxinas en los alimentos se refleja con alteraciones de la epidermis, color, granos y manchas.

La alimentación, como hemos visto en el capítulo anterior es vital, lo es todo. Por esta razón aparecen muchas terapias alimenticias para conseguir un equilibrio y bienestar a través de la alimentación. Estas terapias nos llevan a ingerir licuados preparados, como Dietox, únicamente de frutas y verduras frescas, adecuadas a las necesidades nutricionales y energéticas de cada momento del día. Una dieta indicada para ayudar al organismo a limpiar y depurar toxinas. Generalmente estos tratamientos se realizan en tres días y se repiten mensualmente.

En el futuro surgirán nuevas técnicas que remodelarán los cuerpos arrugados y los rostros envejecidos. Veremos por la calle jóvenes de 80 años y seremos incapaces de determinar la edad de algunas personas que han pasado por las clínicas *antiaging*. Todos serán seres jóvenes y atractivos, como los personajes del *Mundo Feliz* de Aldous Huxley.

Estos tratamientos no son baratos y, por supuesto, no entran en la Seguridad Social de los países o en la mayoría de sus mutuas. En realidad hay mutuas cuya póliza ofrece un *lifting* al llegar a determinada edad, pero es más bien un premio por permanencia en la mutua o antigüedad del asociado. Lo que originará que habrá ricos guapos y pobres feos.

Los tratamientos *antiaging* seguirán evolucionando y tanto la cirugía no invasiva o los nuevos productos que surgirán serán cada vez más eficaces. La gente cada vez vivirá más años y no se conformará con tener un aspecto envejecido, tampoco el sistema querrá vivir rodeado de ancianos y ancianas decrépitos. Uno o una podrá ser bello o bella, pero esta belleza tendrá un coste.

Instituto Frontier: frenando la carrera del tiempo

Uno de los lugares más elitista del mundo en cuanto al tratamiento *antiaging* es la clínica del doctor Terry Grossman, el Instituto Frontier, en Denver, Colorado.

Terry Grossman es el médico personal y amigo de Raymond Kurzweil y muchos componentes de *Initiative 2045*, a los que atiende personalmente con el objetivo de que sus tratamientos puedan servir de «puente» para mantenerlos sanos hasta el año 2045, fecha en la que se habrá descubierto la tecnología para ser inmortal.

Una visita al Instituto Frontier es cruzarse por sus pasillos con acaudalados empresarios, artistas cinematográficos de Hollywood, políticos, gente de la *jet set* y científicos de los que no se sabe si están ahí para investigar o para acceder a tratamientos que agilicen sus cerebros.

Todos buscando el sueño de la eterna juventud o los medios para detener en su aspecto interior y exterior la carrera del tiempo.

El Instituto Frontier es líder en temas de longevidad y en sus consultas se abordan temas de nutrición y antienvejecimiento. Sus facultativos, bajo la dirección del doctor Terry Grossman, aconsejan vitaminas, minerales, antioxidantes, hormonas naturales y elementos que ayudan a las enzimas.

El Instituto aborda la estética con tratamientos de Botox, *peeling* químico, rellenos dérmicos, microdermabrasión, mesoterapia y liposucción entre otros. En algunos casos se realizan intervenciones en las terapias de células madre que son extraídas del propio cuerpo y destinadas a hacer crecer cartílagos nuevos. Así como avances en aplicación de la biotecnología y la nanotecnología.

En definitiva, se puede hablar de las técnicas más avanzadas para rejuvenecer exteriormente, algo que los artistas de cine persiguen a cualquier precio.

Pero no es la estética la línea principal del Instituto Frontier, sino su esfuerzo en la investigación de la longevidad, los programas que se aplican y su filosofía.

Junto a Raymond Kurzweil, Grossman ha escrito varios libros en los que apuesta por su programa Transcend para prolongar la vida, un programa al que está sometido Kurzweil y que Grossman explica en su libro *Baby Boomer To Living Forever*.

Empezaremos por explicar la filosofía de Grossman que cautivó a Kurzweil y otros miembros de *Initiative 2045*. Para Grossman se trata inicialmente de la prevención y detección temprana de enfermedades, ya que es en las etapas tempranas de una enfermedad, cuando los tratamientos son eficaces. Y estas detecciones se deben realizar en base a chequeos permanentes, seguimientos continuos y evaluaciones periódicas.

Terry Brossman propone un examen completo del sujeto, un examen en el que se analice un individuo genéticamente de forma personalizada, para que los médicos puedan interpretar los datos del análisis de ADN y valorar la propensión a desarrollar determinadas enfermedades como cáncer, diabetes o problemas coronarios. Pero, no bastará con esto, la batería de pruebas que recomienda Grossman es mucho más amplia: química integral, análisis sanguíneo, análisis cardiovascular, rigidez de las arterias, evaluación de hormonas, tomografía computarizada, marcadores de cáncer, análisis digestivo y de orina, presencia o ausencia de minerales esenciales, sistema nervioso y neurotransmisores del cerebro, déficit de vitaminas, perfil antioxidante, resonancia magnética, ecografía de carótidas y tiroides, etc.

Puede que el individuo esté sano, pero siempre será deficitario en algo: puede estar bajo en calcio, potasio, vitamina C o D, etc. En estos casos se aplicará el tratamiento con suplementos administrados en comprimidos. Destaca Grossman que todos, a partir de los 30 años, precisamos suplementos, vitaminas y minerales múltiples, y que es inevitable si queremos encontrarnos bien y prolongar nuestra vida tomar varios, a veces hasta treinta comprimidos al día.

Los tratamientos a base de comprimidos dependerán de nuestro estado de salud, pero nadie se escapara a tener que tomarlos. En la mayoría de los casos de edades avanzadas se emplearán *smart drugs*, drogas inteligentes, con el fin de activar las neuronas del cerebro, aumentar la concentración, reducir el cansancio intelectual, etc.

También recomienda vitamina C por vía intravenosa, ya que puede matar las células cancerosas; la vitamina D también es recomendable ya que su déficit provoca resfriados, caries, depresión, osteoporosis, presión arterial alta, cáncer de mama, colon y pulmón, asma y fatiga.

Grossman añade a estos tratamientos personalizados la dieta. Ya hemos visto en el capítulo anterior la dieta que comparten los miembros de *Initiative 2045*, en parte recomendada por Grossman. A esa dieta añade la reducción de la azúcar, el consumo de té verde, semillas de uva, ayunos de 12 horas, y 20 minutos diarios de ejercicio al margen de caminar lo máximo posible.

Para tener un cerebro activo

Sin duda entre los tratamientos que incluye el Instituto Frontier está mantener el cerebro activo, concentrado, estimulado, y para ello se recurre a los nootrópicos o *smart drugs*.

Existe una verdadera preocupación, en los sectores de la investigación científica, por mantener el cerebro activo, por no verse víctimas del cansancio cerebral o perder la concentración. Por esta causa uno de los sectores que más estimulantes consume es el mundo científico, donde la competencia también es feroz, donde nadie quiere mostrar causas de cansancio cerebral para no perder su puesto directivo. Un sector en donde publicar buenos artículos es necesario para tener puntos, donde realizar descubrimientos es necesario si uno quiere estar en la cumbre o alcanzar el premio Nobel. En definitiva, un sector donde los científicos son los que más consumen estimulantes para el cerebro, con el objetivo de que este actúe como cuando tenía 20 años. Es el sector que ha descubierto los nootrópicos y el que más los consume.

He conocido a cirujanos, psiquiatras, médicos, pilotos e investigadores que ingieren una veintena de píldoras al día recomendadas tras haberse realizado un cheque *antiaging*. No están enfermos, carecen de síntomas de cualquier enfermedad, pero no todos los elementos del cuerpo son correctos, y eso a la larga, puede crear desequilibrios. Sus tratamientos son píldoras que incluyen vitaminas de todo tipo, elementos que el cuerpo parece precisar, estimulantes para el cerebro, componentes preventivos, etc.

El tema de los estimulantes para el cerebro es algo de lo que ya he hablado ampliamente en el libro *Cerebro 2.0*. Por su importancia insistiré nuevamente realizando un breve resumen. El lector que esté interesado puede consultar la publicación citada.

La revista científica *Nature* publicó en 2012 una encuesta realizada entre 1.400 científicos en la que una quinta parte de ellos reconoció que se dopaba para mejorar su rendimiento cognitivo y poder hacer descubrimientos importantes. Un 20% de científicos reconocen que se dopan, creo que muchos más también lo hacen y, por razones evidentes, no lo manifiestan.

Entre estos científicos que se dopan, el 62% utilizan metilfenidato (MFD), que actúa sobre neurotransmisores como la noradrenalina, especialmente para aumentar la atención. Un 44 por ciento utiliza modafinilo que les permite aguantar más horas despierto. El modafinilo es conocido en Europa como Provigil, en Estados Unidos es el nootrópico preferido por los pilotos de las Fuerza Armadas, ya que supera a otros como el Adderall y Ritalin, no tiene efectos secundarios como las anfetaminas y se convierte en un misil cargado de euforia y dinamismo entre los pilotos de *Top Gun*. Un 15% de los científicos toma betabloqueantes como el propanolol que les relaja. También utilizan muchos medicamentos destinados a evitar el Alzheimer. El propanolol está recomendado contra la ansiedad, ayuda a aumentar la confianza en los conferenciantes o artistas en el escenario y ayuda a dormir. Deportivamente está prohibido.

Estos nootrópicos aumentan la atención de la memoria y reduce las horas de sueño. Su acción está dirigida al *locus coeruleus,* núcleo subcortical del cerebro situado en el tronco cerebral, que contiene la mitad de todas las neuronas que utilizan *noradrenalina* como neurotransmisor, el *locus coeruleus* proyecta sus axones hacia regiones cerebrales asociadas con trastornos de pánico.

Los nootrópicos también son conocidos, popularmente, como *smart drugs.* Son fármacos inteligentes que sirven para estimular la memoria, también potenciadores cognitivos que elevan ciertas funciones mentales como la memoria, la cognición, la inteligencia, la motivación, la atención, la concentración, mejoran el rendimiento, mantienen alerta y sincronizan los hemisferios cerebrales. La revista *Nature* apuesta por no privarse de estos nuevos fármacos que aumentan la inteligencia. Deberían ser reconocidos y su consumo autorizado.

Hemos visto como no sólo se trata de parecer más joven, sino serlo, como mínimo, mentalmente. Si el lector dispone de medios económicos para someterse a un tratamiento *antiaging* para rejuvenecer, le sugiero que invierta una parte en el tratamiento externo y otra en el interno. No se puede vivir con una imagen externa joven y un cuerpo cansado o enfermo. Tampoco se puede mostrar un aspecto exterior lozano y revelar una mente desconcentrada, desmotivada, sin memoria y carente de atención. Finalmente recordar que el tratamiento *antiaging* externo o interno no sirve para nada sin un cambio de hábitos que afecten a la vida social perjudicial y la alimentación adecuada.

¿Son los genes los que alargan nuestra vida?

El envejecimiento es un misterio para los científicos. Pero se ha descubierto una especie de reloj biológico enclavado en nuestro genoma. Se investiga por qué envejece nuestro cuerpo y cómo podemos detener ese proceso.

Uno de los más destacados e importantes investigadores del envejecimiento de los humanos es el doctor Caleb Finch, biólogo de la Universidad de California del Sur. Finch se pregunta cuál es la causa concreta de que cada vez alcancemos una mayor longevidad. No cree, este biólogo, que se deba solamente al hecho de que cada vez hay más vacunas, antibióticos, avances en la medicina, más atención a la salubridad urbana y alimentos en mejores condiciones.

Cree Caleb Finch que se debe al aumento del desarrollo de defensas más eficaces para combatir los patógenos y agentes agresivos de nuestro entorno. La realidad es que hubo un momento en la historia de la humanidad que empezó a alargarse la vida. Los *australopitecos*, hace 4,4 millones de años, morían antes de cumplir los 30 años. El *homo sapiens*, hace entre 44.000 y 10.000 años empezó a vivir más allá de los 30 años. Pero no mucho más, ya que en el siglo XVIII había poblaciones en Europa que su esperanza de vida al nacer era de 35 años, cifra que fue aumentando hasta los 40.

Sabemos que nuestro sistema defensivo mantiene una continua batalla contra las bacterias, virus y otros microorganismos que tratan de invadir nuestro cuerpo. La defensa contra estos invasores es el sistema inmunitario innato y el adaptativo. El primero se moviliza y acude inmediatamente allí donde se produce una lesión y elimina los patógenos. Sus procedimientos de defensa cuentan con armas como el aumento de la temperatura del cuerpo que actúa de forma esterilizante, ya que muchas bacterias no pueden desarrollarse cuando la temperatura supera los 40 grados Celsius.

En todo este proceso bioquímico se ha descubierto un gen de una secuencia genética que puede ser la causa de nuestro aumento de longevidad. El gen APOEe4 es el responsable que aumente la producción de proteínas que ayudan a elevar la temperatura en una infección, es decir induce la fiebre e inhibe la replicación de los virus. Se sabe que los niños que poseen este gen sufren en su infancia menos enfermedades diarreicas. Lamentablemente no todos poseemos este gen, y aquellos que carecen de él están más indefensos en los primeros años de su vida. En definitiva, el gen APOEe4 se convierte en una pieza clave en la longevidad humana. Sin embargo, esta variante genética nos «traiciona» cuando nos hacemos viejos, ya que es el responsable de los ataques cardiacos, los accidentes cardiovasculares, el alzhéimer y otras dolencias de la vejez.

Así tenemos un gen que por un lado nos defiende de las infecciones, ayuda a retrasar el envejecimiento, aumenta la esperanza de vida, pero cuando llegamos a la vejez nos traiciona. En cualquier caso, este gen y otros, los genes SIGLEC, refuerzan la hipótesis de que sin estas defensas no hubiéramos alargado la esperanza de vida.

¿Qué acelera y ralentiza el proceso de envejecimiento?

La revista *Genoma Biology* público un estudio de la Universidad de California, UCLA, en donde se ha comprobado que muchos tejidos sanos envejecen al mismo ritmo que el cuerpo en su conjunto, pero otros envejecen más lentamente o más rápidamente. Por ejemplo, el tejido mamario de una mujer envejece más rápidamente que el resto del cuerpo. El reloj biológico se acelera en los primeros años de vida hasta los 20 años, luego reduce su velocidad y mantiene un ritmo continúo. Se desconoce si este proceso es debido al ADN y si es el causante del envejecimiento. En el corazón, por ejemplo, los tejidos sanos muestran una edad biológica de unos nueve años más joven. Mientras que los tejidos mamarios femeninos parecen más viejos que otros del cuerpo humano. ¿Tiene que ver con el cáncer de mama el más corriente entre las mujeres?

Steve Horvath, profesor de genética humana en UCLA, detalla: «Para luchar contra el envejecimiento, en primer lugar hay que encontrar una forma objetiva de medirlo. Localizar el conjunto de biomarcadores que marcan el tiempo en todo el cuerpo».

La meta de las investigaciones es mejorar la comprensión de lo que acelera y ralentiza el proceso de envejecimiento humano. Una vez conocido, tal vez se podría desarrollar intervenciones terapéuticas para reajustar el reloj para mantenernos jóvenes.

Para su análisis, Horvath evaluó el ADN de casi 8.000 muestras de 51 tipos de tejido y células del cuerpo, pero en particular observó cómo la metilación, un proceso natural que modifica químicamente el ADN, varía con la edad. Sus análisis e investigaciones prosiguen hoy en día.

Por otro lado la revista *Proceeding of the National Academy of Science* publicó un estudio sobre las características de la «rata-topo» africana en el que se manifiesta que esta rata puede vivir 30 años, diez veces más que otros roedores. Un análisis de esta rata descubrió que el ribosoma que sintetiza las proteínas es único.

Los biólogos descubrieron que entre las ratas-topo desnudas, el ribosoma –la máquina que sintetiza las proteínas– es único. Cuando el ribosoma ensambla aminoácidos para crear una proteína pueden ocurrir errores. Pero en este roedor las proteínas fabricadas por sus células tienen un 40% menos de probabilidades de contener un error que, por ejemplo, el organismo de estos ratones.

Alterar la estructura de los ribosomas en el ser humano no es posible por ahora, pero los investigadores indicaron que ya trabajan para tratar de desacelerar la síntesis de proteínas en las células, lo que conllevaría alargar la vida del organismo.

La vida o la muerte tienen un precio

La alimentación es la base de nuestra longevidad por ello la insistencia en evitar todo aquello tóxico y lo que produzca radicales libres que nos oxiden. Un objetivo elemental es la reducción de calorías. Grossman recomienda suplementos: vitaminas, minerales múltiples y aceite de pescados, elementos que ayuden a las enzimas.

El tratamiento Transcend del Instituto Grossman, requiere un seguimiento toda la vida, evaluaciones periódicas para conocer el efecto en nuestro cuerpo de los comprimidos y saber si hay que aumentar su dosis o disminuirla.

Es evidente que estos tratamientos y chequeos no son gratuitos, su coste los hace prohibitivos a miles de millones de personas. El acceso a una vida más larga y sana depende de las posibilidades económicas del paciente. El acceso a la vida o la muerte depende de un precio. Los descubrimientos en medicina están limitados a unos pocos. Hoy la cuestión ya no es si existe una cura para una determinada enfermedad, que hay cada vez en más casos. La cuestión es si el paciente es capaz de pagarse esa cura.

La filosofía de los tratamientos de Grossman está basada en la prevención y una atención personalizada, sin duda técnicas correctas. Pero esa prevención requiere unos exámenes y análisis muy sofisticados y en consecuencia muy costosos. La medicina de la Seguridad Social de los países que la tienen, se limitará a un electrocardiograma y unos análisis de sangre y orina, sólo ante la duda de que el paciente pueda estar enfermo o tenga algún síntoma de enfermedad que haya que confirmar. Por supuesto los tratamientos, leves, no incluyen vitaminas ni otros comprimidos y, con el fin de ahorrar costes al sistema sanitario público y la presión económica de los tratamientos, el médico se verá obligado a recomendar, ante la falta de potasio, un plátano al día, que efectuar una receta con los comprimidos suplementarios.

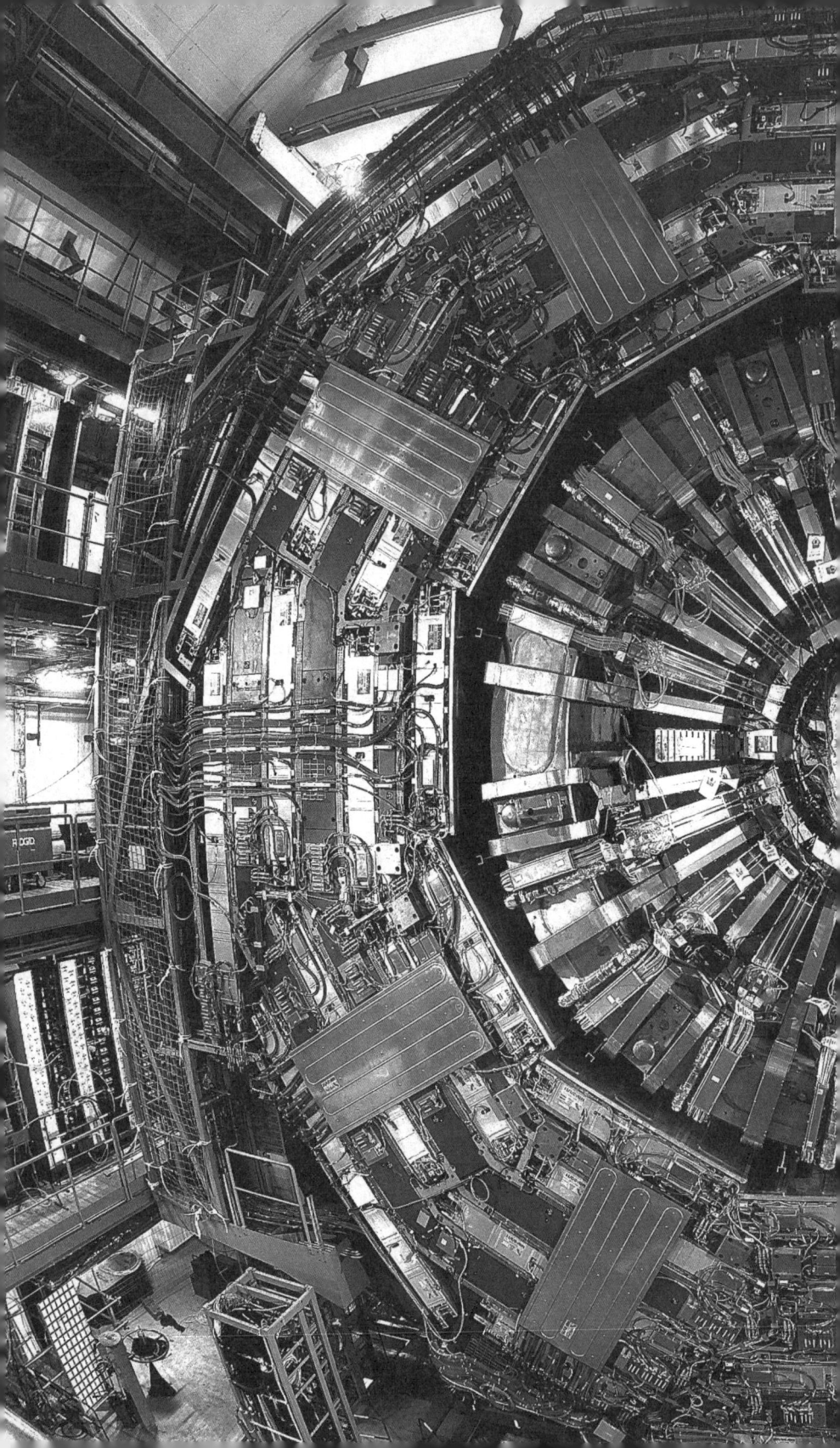

Capítulo 7

BIENVENIDOS A UN MUNDO DE CIENCIA-FICCIÓN

*«Hay secretos en cada esquina de esta aldea.
¿No los sientes? ¿No los ves?»*
The Village

*«–¿A dónde iremos ahora?
–A buscar un nuevo comienzo.»*
De la película Apocalypto

*«... esa proliferación de instrumentos que ha convertido
a la medicina en una rama de la ingeniería.»*
Isaac Asimov, *Viaje alucinante*

El iris del ojo abre las puertas del LHC

Miles de laboratorios expandidos por todo el mundo trabajan afanosamente en preparar el futuro y, algunos de ellos, incluyen en ese futuro la inmortalidad.

Los laboratorios de hoy no están instalados en un lúgubre sótano de un recóndito castillo casi oculto por espesos bosques; ni se accede a ellos por medio de una pared secreta; ni tampoco sólo trabaja en ellos un alocado científico con bata blanca y cabellera revuelta. Los laboratorios de hoy en día están en lugares conocidos por todos los ciudadanos; se accede por una puerta principal con un gran rótulo que lo identifica; y trabajan desde docenas a cientos de personas que, en ocasiones, no precisan batas porque su única función es pensar, idear y diseñar en una pantalla de ipad.

Estos centros de investigación pertenecen a las más variadas ramas de las tecnologías modernas que emergen hoy en día: bioingeniería, tecnomedicina, genómica, nanotecnología, robótica, cibernética, biohazard y otras tecnologías emergentes.

Los laboratorios de tecnologías emergentes son más populares que aquellos de biohazard, investigación nuclear, o de centrifugadoras de enriquecimiento de uranio. Mayoritariamente son de empresas conocidas por todos. Pero, no nos engañemos, esa imagen de transparencia externa, es solo en la fachada, interiormente están protegidos por los más modernos y sofisticados sistemas de seguridad y, determinadas zonas de investigación son de acceso estrictamente limitado, incluso para los empleados de otras secciones.

No es una exageración cinematográfica el acceso a uno de los laboratorios más populares de la física cuántica: CERN y su LHC. Es una realidad que los visitantes a las entrañas del acelerador deben llevar encima su tarjeta de identificación y un dosificador que cambia de color ante la presencia de gases o radiación. También es verídico que para llegar a los túneles donde se encuentra el acelerador, a 100 metros bajo tierra, hay que atravesar una jaula metálica de color verde e identificarse en un rectángulo incrustado en la pared que reconoce el iris del ojo, y sólo así la puerta se abre para acceder a un ascensor presurizado.

Anecdóticamente destacaré que el LHC no se construyó a cien metros de profundidad por seguridad, ni por ocultarlo a la vista, ni por peligrosidad.

Se construyó a cien metros de profundidad porque los costes de realizarlo en la superficie, con las expropiaciones de terrenos a franceses y suizos disparaban el presupuesto y resultaba más barato hacer los túneles que expropiar.

En algunos de los laboratorios que mencionaré a continuación las medidas de seguridad son menos sensacionalistas, pero mucho más eficaces, más modernas y sofisticadas.

Los laboratorios citados seguidamente son los que con sus tecnologías emergentes están transformando el mundo, entre ellos tenemos Google X, a la que ahora se ha añadido Google Robotics. De Google X surgieron, entre muchos otros productos Google Glass, ahora está trabajando en Google Car, un automóvil informatizado con piloto automático, y en el desarrollo de la robótica que se convertirá en la transición hasta que se construyan o se creen los avatares.

Otros laboratorios son Apple´s Desing Laboratory, instalado en un edificio conocido como Texaco Towers donde un especializado grupo de «pensadores» proponen las ideas del futuro. También tenemos Amazon Lab216 con un departamento de I+D que ha lanzado su flotilla de drones para reparto de sus productos que en la actualidad significa más de 200 entregas por minuto. En Palmadale se encuentra el Laboratorio de Programas de Desarrollo Avanzado de Lockheed Martin, últimamente centrado en el desarrollo de drones, como los laboratorios de Boeing Phanton Works que diseña los aviones y drones del futuro y colabora con DARPA. Para finalizar citaré la Station Experimental of DuPont, en Wilmington, Delaware. De estos laboratorios han salido productos como el kevlar y el neopreno y en la actualidad vuelca parte de sus recursos en la biotecnología.

Probetas, ideas y causas del envejecimiento

Hemos llegado al siglo de los grandes progresos médicos y la simbiosis de la tecnología con la medicina. Será el siglo de los trasplantes de órganos artificiales y de órganos generados a partir de la celularidad propia y trasplantes de órganos funcionales a partir de células madre.

También estamos viviendo una situación paradójica en la que un enfermo de cáncer tiene los tratamientos más avanzados del mundo, y otro debe conformarse con una aspirina como analgésico contra el dolor. En algunos países se lucha para tratar de alimentarse y combatir el dolor de las enfermedades, en otros los seres humanos están preocupados por el envejecimiento. Son las grandes diferencias que difícilmente lograremos superar.

Los investigadores esperan solucionar las causas del envejecimiento y poder invertirlo. Cada equipo de investigadores y cada laboratorio estudian vías diferentes. En la actualidad ninguna teoría predomina sobre las demás, ni siquiera la de los radicales libres, los antioxidantes y el régimen hipocalórico que hemos tratado en el capítulo anterior.

Sabemos que es lo que perjudica nuestras vidas y nos envejece –pesticidas, contaminación atmosférica, alimentos en mal estado, etc.-, pero no se tiene muy claro que es lo que nos puede rejuvenecer. Parece que el aumento de la temperatura, choques térmicos, produce en determinados mamíferos, como las ratas, un 15% más de esperanza de vida. Otro camino consiste en trasplantar ovarios jóvenes a ratones ancianos, con lo que se consigue aumentar la longevidad de estos mamíferos.

Conocemos que la clave del envejecimiento está en el estrés oxidante, el oxígeno que respiramos y sus reacciones químicas en nuestra células con la producción de radicales libres.

También el acortamiento de los telómeros con sus divisiones es la causa del envejecimiento. Las enzimas telomerasas son una proteína que está en los espermatozoides y óvulos, y que se dedica a reparar los desperfectos de los telómeros. Si se inyecta en células envejecidas se consigue que la longitud del ADN permanezca intacta, pero tiene sus contraindicaciones ya que produce tumores.

Las mutaciones del ADN producidas por los rayos UV, las radiaciones, etc., que provocan modificaciones de las secuencias del ADN que se acumulan con el tiempo y terminan por producir una disfunción en las células.

Las investigaciones de los laboratorios persiguen lo mismo que *Initiative 2045*, descubrir un procedimiento que nos haga inmortales o alargue nuestras vidas indefinidamente. Unos lo intentan por medio de la investigación biológica y otros buscan la transferencia del cerebro a un avatar.

Entre las investigaciones biológicas se ha podido comprobar que se logra un aumento de esperanza de vida máxima en ratones cuando la *rapamicina* interfiere con la actividad de la proteína TOR (Target of rapamycin) de mamíferos. Si se inhibe la proteína TOR se alarga la vida del ratón. Esta prolongación de su existencia es de un 12% de esperanza de vida, según los experimentos realizados. Los ratones de avanzada edad aumentaban la supervivencia en un tercio. Por otra parte, la proteína TOR y el gen que la codifica intervienen en el envejecimiento, que evita dolencias de cáncer, así como enfermedades como el Alzheimer, Parkinson y la diabetes. No parece que la rapamicina tenga efectos secundarios en los seres humanos. Y ya se está utilizando en tratamientos contra el cáncer con derivados como temsirolimus de Pfizer y everolimus de Novartis.

En la actualidad están investigando el TOR, el doctor David Sabatina del Instituto Whitehead para la Investigación Biomédica de Cambridge, Massachuesetts; el doctor Tibor Vellai, de la Universidad de Friburgo en Suiza; Pankaj Kapahi del Instituto de Tecnología de California; Steven Austad del Instituto para el Estudio de la Longevidad y el Envejecimiento en el Centro de Ciencias de la Salud de la Universidad de Texas en San Antonio.

Otro camino es la sustitución de órganos. Los órganos artificiales sustituirán a lo orgánico. En realidad esta sustitución ya se está produciendo, pues disponemos de prótesis sustituidas, válvulas cardiacas, etc. Ahora las nuevas tecnologías médicas trabajan en miniaturizar los aparatos, hasta poder conseguir, por ejemplo, aparatos de diálisis que se puedan introducir dentro de los seres humanos afectados.

Hoy traducimos programas a secuencias de ADN que insertamos en genomas generando robots bacteriales. Construimos células vivas, cultivamos células musculares, construimos prótesis en 3D que se aplican con perfección a los seres humanos. Y cada día la ciencia nos sorprende con nuevos descubrimientos: mini-hígados, mini-riñones, microchips neuronales para los esquizofrénicos, microchips de silicio en la retina, etc. En el caso de los mini-hígados, se toman células humanas creadas a partir de nuestra piel. Se añaden células criadas sobre un cordón umbilical, se coloca todo en un medio de cultivo apropiado, y, en unos días, se obtiene un mini-hígado capaz de realizar algunas funciones.

La investigación con células madre es otro campo que está ofreciendo grandes posibilidades y cada día pone al descubierto la potencialidad de estas células. Cada célula de nuestro cuerpo contiene toda la información necesaria para construir todos nuestros órganos. Las células madre pueden moldear en cualquier tipo de célula y pueden obtenerse en todos los tejidos del cuerpo.

Tenemos la células madre embrionarias procedentes de embriones congelados, son las que más debates éticos han creado desde la Iglesia católica, por la destrucción de embrión, hecho que se considera semejante al aborto.

También están las células madre adultas que se extraen de los tejidos, pero tienen limitada su capacidad de diferenciación y regeneración del órgano dañado.

Finalmente están las denominadas iPS (Induced pluripotent stem) que se obtienen de la piel o el pelo sometido a un proceso de reprogramación. Por general son del propio paciente, y así se evita el rechazo, pero existe un riesgo de tumores malignos.

En este campo el investigador japonés Takanori Takebe consiguió un micro-hígado a partir del cultivo de simples células de la piel reprogramadas, las iPS o de pluripotencia inducida. Se trataba de una estructura hepática de cuatro milímetros con un aceptable riego sanguíneo.

Cualquiera de estas investigaciones tiene como objetivo alargar nuestras vidas y buscar la inmortalidad. Incluso se pueden considerar la base de la creación de avatares.

Una de las tecnologías que más posibilidades está ofreciendo en todos los campos de la ciencia son las impresoras 3D. Comenzaron como una tecnología que nos podía ofrecer un objeto en tres dimensiones a partir de un plano bidimensional. Luego, tras sus primeras aplicaciones comerciales, se empezó a ver posibilidades más complejas, hasta el punto de encontrarle aplicaciones en la medicina y la conquista del espacio. Tal vez en la construcción de avatares.

La máquina de transformar lo bidimensional en tridimensional

Una impresora 3D tiene un número ilimitado de posibilidades y aplicaciones. Con una 3D podemos «imprimir» lo que queramos, sólo dependerá del tamaño de la máquina y los materiales que le suministremos. Unos materiales maleables que, más tarde, se endurecen. Este tipo de impresoras se denominan 3D, por el hecho de que no trabajan sobre una superficie bidimensional, sino que se desplazan hacia arriba siendo capaces de depositar varias capas de material. Un programa de ordenador, con un plano de lo que queremos fabricar, guiará el sistema creando un objeto tridimensional. La impresora irá realizando depósitos de material en los lugares correspondientes hasta completar el objeto deseado.

Las impresoras 3D trabajan habitualmente con plástico como materia prima, un plástico que va envuelto en un carrete de hilo que se transformará en un líquido que, una vez secado, habrá realizado un busto personal o una herramienta en pocas horas.

Podemos fabricar un motor de avión, una casa, lo que queramos, todo depende del tamaño de la impresora. También podemos utilizar plástico, materiales metálicos, cerámica y componentes orgánicos que nos permitirán reconstruir la nariz, la barbilla o la oreja de un ser humano.

Podemos enviar a los astronautas que están en la ISS una impresora para fabricar las piezas de recambio que precisen y las herramientas adecuadas para las reparaciones espaciales. Sólo se precisa, la impresora, los materiales adecuados y los planos de lo que queremos imprimir. Esto parece ciencia-ficción, sin embargo, la NASA, construyó en agosto de 2013 un motor cohete mediante impresión 3D, el material fue una aleación de níquel y cromo en polvo fundido por un rayo láser.

La nueva tecnología 3D ha inspirado a la NASA a un proyecto en el que varias impresoras 3D depositadas en la Luna con algunos robots, utilizarán el polvo lunar mezclado con adhesivos especiales, para construir módulos o habitáculos para los astronautas o los futuros colonos. Ya no será necesario enviar desde la Tierra naves con esas estructuras, lo que representará un ahorro grandioso.

La bioreprografía en 3D es una opción de la medicina regenerativa, ya que se podrán reproducir órganos completos cuando se supere el obstáculo de la vascularización de los tejidos.

El procedimiento 3D basa su trabajo inicial en una especie de fotomatón con 12 cámaras que, con un solo disparo, obtiene diferentes puntos de vista del objeto o sujeto que se quiere imprimir. Igual que una impresora 3D realiza un busto en relieve, en escultura, en apenas 10 minutos, también puede en un consultorio de odontología reproducir piezas dentales o prótesis.

Si en vez de retratar exteriormente, lo hacemos escaneando el interior, la 3D nos ofrecerá una imagen interior del cuerpo que hemos explorado sin necesidad de proceder a realizar una cirugía invasiva. Esto promete ser un avance espectacular en el mundo de la medicina. La tecnología 3D es un campo con muchas posibilidades dentro de la medicina, tal como explica el doctor Robin Farmanfarmaian, vicepresidente de Relaciones Estratégicas de la Universidad de la Singularidad y fundador ejecutivo de Medicina

Exponencial. Destaca este especialista en tecnología medica actual y del futuro que, en Estados Unidos, el 95% de los audífonos están impresos en 3D, así como una gran parte de las prótesis dentales, yesos para roturas de huesos y prótesis faciales.

3D, imprimiendo con materiales vivos

En un futuro no muy lejano, menos de una década, las bioimpresoras 3D podrán fabricar los órganos que sean necesarios para reemplazar, a base de cartuchos de cardiomiocitos u otros tipos celulares. Se podrán crear órganos y tejidos a medida, compatibles con el paciente, ya que estarán constituidos por sus propias células.

En noviembre de 2013, el cirujano maxilofacial Adrián Azúcar del Morriston Swansea, del centro de Tecnología Aplicada en Cirugía Reconstructiva, se centró en restaurar la cara de un accidentado utilizando tecnología 3D, es decir, con piezas producidas por impresoras, implantes de titanio hecho a la medida. Para ello se utiliza una tomografía computarizada de rayos X con el fin de crear imágenes tridimensionales detalladas para el diseño de los implantes a la medida.

Los laboratorios Organovo fabrican tejido hepático vivo. Trabajan con la tecnología *bioprinting* que permite la creación de tejidos en 3D. Combinan el potencial sinérgico de la ingeniería y la biología para crear tejidos nativos y múltiples células vivas

La utilización de 3D en la medicina comienza con el desarrollo de prótesis sólidas de titanio, materiales cerámicos o plásticos, destinados a sustituir la parte sólida de los huesos. Es una gran ventaja ya que la pieza que se diseña del paciente se realiza con gran exactitud. Ahora se investiga en la fabricación de piezas que estén vivas, y en mejorar la osteointegración. Se quiere que la pieza insertada se extienda en el tejido muscular, que crezcan vasos sanguíneos que irriguen la zona. La ingeniería tisular trata de conseguir estructuras funcionales con capacidades biológicas de integración en el cuerpo del receptor.

También en el uso de biomateriales, investigadores de la Universidad de Michigan construyeron una tráquea biocompatible fabricada en una impresora 3D, empleando la policrapolactona, un polímero que el cuerpo biodegrada en tres años. Ahora se quiere elaborar órganos complejos concretos. Anthony Atala del Wake Forest Institute For Regenerative Medicine en Carolina del Norte, destaca que para elaborar riñones o hígados hay que ser primero capaces de imprimir células que puedan unirse y formar estructuras, seguidamente hay que lograr formas tubulares y, tras conseguir órganos con forma hueca como el estómago, ser capaces de fabricar un riñón, un corazón o un hígado.

Para la reproducción de órganos y parte de la medicina regenerativa también puede conseguirse a través de la manipulación de las células madre a través de procesos que no requieren las impresoras 3D.

Nanotecnología: ¿Hasta dónde hemos llegado?

La salud, tal como la conocemos hasta ahora, experimentará grandes cambios con la fusión de la nanotecnología y la medicina. En la actualidad nuevos productos y tecnologías relacionados con la nanotecnología están siendo utilizados en todas las partes del mundo. En ocasiones pasan desapercibidos al ciudadano medio, como es el caso de aplicaciones militares en la detección de agentes de guerra biológica y química, o en análisis donde se pueden examinar las cadenas de ADN para identificar el cáncer.

Entre los procedimientos próximos, posiblemente dentro de este año 2014, se tendrá un sistema de evaluación de diagnóstico completo utilizando sólo una gota de sangre u orina. Cabe destacar que en el MIT se ha desarrollado una prueba de laboratorio que permite detectar los coágulos sanguíneos que generan ataques cardiacos o derrames cerebrales.

Todos estos avances se están consiguiendo gracias a diversas pruebas con la utilización de nanopartículas inyectables. Los nuevos métodos para diagnósticar basados en simples tiras reactivas tienen grandes aplicaciones potenciales en la medicina de urgencias, así como en la profilaxis que podrá practicarse personalmente por el paciente en su propio domicilio. Las ventajas del paciente testeando, cada día, su orina con una tira reactiva y, en caso de peligro, alertar a su médico, son evidentes.

Estos progresos comportan, también, la implantación de chips que controlan las funciones del cuerpo por estímulos eléctricos. En los laboratorios GlaxoSmithKline, se han identificado vías eléctricas del cuerpo humano que permiten corregir determinadas enfermedades. Pero se pretende aún más con estos nanochips bioeléctricos, controlar el apetito, reducir la presión sanguínea y estimular la producción de insulina como respuesta al aumento de azúcar en la sangre.

Concretamente los nanotubos de titanio se cargan de agentes antiinflamatorios y antibióticos en los implantes dentales, un lugar donde se producen muchos fracasos debido a infecciones o la separación del hueso circundante.

En la lucha contra el cáncer, investigadores suecos, han comprobado que las nanopartículas pueden superar las células del cáncer de mama resistentes a los medicamentos. Creen que se podría utilizar las nanopartículas como una forma de quimioterapia, con la ventaja que estas nanopartículas pueden ser dirigidas a una parte específica de una célula tumoral, procedimiento que evitaría todos los daños colaterales que la quimioterapia tradicional produce en la actualidad.

La nanomedicina que viene

Si preguntamos a cualquier paciente que espera en la sala de un hospital de la medicina pública, ¿si lo están tratando con nanomedicamentos?, nos preguntará qué es eso. Sin embargo muchos enfermos ya están utilizando nanofarmácos y, en el futuro será un tratamiento habitual. En el futuro los nanofármacos podrán ser aplicados a nivel molecular y serán más efectivos contra el cáncer.

La nanomedicina se desarrolla a través de la utilización de nanobots y nanorobots de grafeno de dimensiones nanométricas. Los nanobots son nanorobots que pueden inyectarse en el cuerpo humano para atacar y neutralizar determinados tumores. Pueden transportar oxígeno y convertir al consumidor en un superhéroe de carreras, alpinismo o resistencia bajo el agua. Otros nanobots son los microvíboros capaces de devorar virus y bacterias, y los plaquetocitos que cicatrizan plaquetas mediante redes de carbono. Parece que hablamos de ciencia-ficción, pero estos nanobots ya existen en la actualidad.

Se cree que el futuro habrá nanobots para implantar en el cerebro y que interactuarán con las neuronas aumentando la inteligencia, la memoria y la percepción. Raymond Kurzweil cree que el 2050, gracias a los nanorobots, se aumentará la esperanza de vida, se parará el envejecimiento y existirá una fusión entre humanos y tecnología.

Investigadores del MIT y del Hospital Brigham han desarrollado un nuevo tipo de nanopartículas vía oral absorbibles a través del tracto digestivo, permitiendo que los pacientes prescindan de las inyecciones.

Según estos investigadores y la revista *Science Translational Medicine* de noviembre de 2013, se utilizaron las partículas para demostrar la administración oral de la insulina en los ratones, aunque afirman que las partículas podrían ser utilizados para transportar cualquier tipo de fármaco que se puede encapsular en un nanopartícula. Las nuevas nanopartículas están recubiertas con anticuerpos que actúan como una llave para abrir receptores que se encuentran en la superficie de las células que recubren el intestino, lo que permite que las nanopartículas se rompen a través de las paredes intestinales y entran al torrente sanguíneo.

Este tipo de entrega de medicamentos podría ser especialmente útil en el desarrollo de nuevos tratamientos para enfermedades como el colesterol elevado o la artritis. Los pacientes con estas enfermedades serían mucho más propensos a tomar las píldoras con regularidad que hacer frecuentes visitas a la consulta del médico para recibir inyecciones de nanopartículas.

Existen varios tipos de nanopartículas que transportan drogas de la quimioterapia o de ARN corto de interferencia, que puede desactivar los genes seleccionados, se encuentran ahora en los ensayos clínicos para tratar el cáncer y otras enfermedades. Estas partículas explotan el hecho de que los tumores y otros tejidos enfermos están rodeados de vasos sanguíneos que gotean. Después de que las partículas se inyectan por vía intravenosa a los pacientes, se filtran a través de los vasos que gotean y liberan su carga en el sitio del tumor.

El principal desafío es cómo hacer que una nanopartícula consiga atravesar la barrera de las células.

Los investigadores han tratado de romper este muro mediante la interrupción temporal de las uniones estrechas. Sin embargo, este enfoque puede tener efectos secundarios no deseados, porque cuando las barreras se rompen, las bacterias dañinas también pueden pasar.

Para construir nanopartículas que pueden romper selectivamente la barrera, los investigadores se aprovecharon de los trabajos previos que revelaron que los bebés absorben los anticuerpos de la leche de sus madres, impulsando sus propias defensas inmunes. Esos anticuerpos agarran un receptor de superficie celular llamado FcRn, permitiéndoles el acceso a través de las células de la mucosa intestinal en los vasos sanguíneos adyacentes.

Los investigadores recubrieron sus nanopartículas con las proteínas Fc, la parte del anticuerpo que se une al receptor FcRn, que también se encuentra en las células intestinales adultos. Las nanopartículas, hechas de un polímero biocompatible llamado PLA-PEG, pueden llevar, en su núcleo, una gran carga de elementos, tales como la insulina.

Después de que las partículas son ingeridas, las proteínas Fc agarran a la FcRn en el revestimiento intestinal y consiguen entrar con lo que toda la carga interior de la nanopartícula.

Este procedimiento permite que cualquier molécula que tiene dificultades para cruzar la barrera se podría cargar en la nanopartícula.

Este descubrimiento permite que la partículas pueda penetrar en las células para lograr la entrega de nanopartículas de forma oral.

En este estudio, los investigadores demostraron la administración oral de la insulina en ratones. Las nanopartículas recubiertas con proteínas Fc alcanzaron el torrente sanguíneo once veces más eficiente que las nanopartículas equivalentes sin el recubrimiento. Por otra parte, la cantidad de insulina administrada fue lo suficientemente grande como para disminuir los niveles de azúcar en sangre de los ratones.

Diseñar nanopartículas tiene como objetivo atravesar otras barreras, como la barrera hematoencefálica, que evita que muchos de los medicamentos lleguen al cerebro. Los científicos están convencidos de que si se puede penetrar la mucosa del intestino, tal vez la próxima vez se puede penetrar la mucosa en los pulmones, y más adelante la barrera sangre-cerebro y la barrera de la placenta.

En la actualidad, en el Instituto Internacional de Medicina Integrativa de Houston, han diseñado nanopartículas de plata para atacar al VIH. Y en la Universidad Rice de Houston han desarrollado «nanosells» (nanocáscaras) contra el cáncer, que pueden atacarlo de una forma selectiva.

Podremos regenerar nuestros cerebros

Los bioingenieros siempre ha tenido el sueño de crear repuestos para nuestros cuerpos gastados o enfermos. Lo han conseguido en algunos casos con determinados tejidos y en determinados lugares del cuerpo, pero si ha existido un lugar que ha manifestado resistencia ha sido el cerebro.

Recientemente un equipo de Suecia ha dado los primeros pasos para intervenir en el cerebro. Los bioingenieros han conseguido hacer crecer con éxito ganglios linfáticos, células del corazón, incluso han hecho crecer un riñón de rata y trasplantárselo al animal. Pero, hasta ahora, hacer crecer tejido nervioso en el laboratorio era mucho más difícil. En el cerebro, las nuevas células neuronales crecen en una matriz compleja y especializada de proteínas. Este matriz es tan importante que los daños en las células nerviosas no consiguen regenerarse sin él. Y por su complejidad es difícil de reproducir.

Paolo Macchiarini y Silvia Baiguera del Instituto Karolinska en Estocolmo, Suecia, han combinado un andamio hecho de gelatina con una pequeña cantidad de tejido cerebral de ratas. Esperaban que este tejido proporcionase suficientes señales bioquímicas cruciales para permitir que las células sembradas se desarrollaran como lo harían en el cerebro. Cuando los investigadores añadieron células madre mesenquimales –tomadas de la médula ósea de otra rata– a la mezcla, se encontraron pruebas de que las células madre habían comenzado a desarrollarse en células neuronales. El método tiene la ventaja de combinar los beneficios de tejido natural con las propiedades mecánicas de una matriz artificial.

Todavía hay un largo camino para recorrer antes de que cualquier tipo de aplicación clínica, pero Macchiarini prevée que podría ayudar a las personas con la enfermedad neurodegenerativa. La muerte de las células del cerebro es lo que causa los síntomas en enfermedades como el Parkinson y el Alzheimer.

Este trabajo también servirá para realizar trasplantes de tejido de bioingeniería para reemplazar partes del cerebro dañado, por ejemplo, por un arma de fuego. Creen, estos investigadores, que las células centrales del sistema nervioso de un paciente podrán migrar hacia el lugar del implante, adhiriéndose, creciendo y contribuyendo a la regeneración del tejido neuronal. Este hecho puede representar un avance significativo para la ingeniería de tejidos neuronales y tratamientos neuronales regenerativos.

Hacer crecer órganos con grafeno y células madre

Una de las industrias en desarrollo que entrará de pleno en el futuro será la de la utilización del grafeno. El grafeno fue descubierto por Andrei Geim y Konstantin Novoselov en 2003. Se trata de una estructura de carbono puro, de gran dureza y flexibilidad, hasta el punto que permite que un móvil se doble y se enrolle.

La Comisión Europea anunció a finales de 2013 una inversión de 1.000 millones de euros en investigación y desarrollo del grafeno, inversión que se bautizó con el nombre de Grafeno Flagship.

Una inversión que apoya la búsqueda de aplicaciones, creación de empresas, nanotecnología, nanomedicina, etc.

El grafeno revolucionará la electrónica, la construcción y la medicina. Sus características permiten construir baterías flexibles, procesadores más rápidos y pantallas transparentes más delgadas que el papel, así como, componentes para ordenadores, satélites, coches, aviones (para reforzar su estructura), circuitos integrados, protección de naves, etc.

En la actualidad el Instituto Imec de nanoelectrónica de Lovaina, la Universidad de Aalto en Finlandia, Nagakoa en Japón, Samsung, Toshiba compiten para construir pantallas flexibles y transparentes. También van detrás de estas pantallas IBM y el Departamento de Defensa de EE.UU. que han presentado un chip de grafeno.

Podríamos hablar de las innumerables aplicaciones militares, entre ellas la identificación por radiofrecuencia (RFID). Incluso España quiere construir submarinos, espero no serán un fiasco como el último submarino que, sumergirse se sumergía, pero una vez abajo era incapaz de subir a la superficie.

La última aplicación de este material la anunció Bill Gates al explicar que fundaba una fábrica de preservativos de grafeno. Los medios de información prestaron más interés a este hecho que a otras aplicaciones médicas o energéticas que cambiarán el mundo. Los preservativos de grafeno pueden cambiar la sensibilidad y ser más resistentes, pero creo que no significan un progreso para la humanidad.

El grafeno tiene unas propiedades extraordinarias, fino, buen conductor de la electricidad, duro, resistente a los ataques químicos. También es capaz de generar energía en paneles solares, con más potencia que las células solares actuales. En tareas iguales un chip de grafeno consume menos que uno de silicio.

Una de sus propiedades eléctricas es que doblándolo e induciéndole a deformaciones podría conseguirse un material que condujera la electricidad en una dirección pero no en otra. Esto ofrece grandes ventajas en la construcción de edificios que mantendría una temperatura estable pese al frío exterior o calor agobiante.

Dentro de las aplicaciones biológicas, puede hacer crecer órganos con células madre. Es biocompatible y se pueden construir nanobots de grafeno que, cargados con algún metal pueden ser dirigidos desde el exterior del cuerpo hasta un tumor determinado, allí el grafeno lo envolvería y lo neutralizaría.

Cada día parecen conocerse más aplicaciones y propiedades del grafeno. Se ha descubierto que los electrones se mueven dentro del grafeno como si este no tuviera masa, que tiene la capacidad de auto-enfriarse, que su dureza es 200 veces superior a la del acero. Su capacidad de autorepararse lo convierte en el material ideal para viajar por el espacio, donde el peligro de los micrometeoritos es una amenaza de muerte constante. Así una capa de grafeno en las naves o en los trajes espaciales aseguraría la supervivencia de los viajeros. Finalmente, entre sus propiedades se ha descubierto que posee el efecto Hall cuántico, que asegura que su conductividad no puede ser nunca nula.

El problema del grafeno es que en la Tierra existen escasos yacimientos, alguno en España y otros en Sudamérica. Por tanto su producción grande es limitada. Se puede obtener del azúcar común a 800º C, pero es un procedimiento muy caro. En 2011 el telescopio Spitzer de la NASA descubrió grafeno en el espacio. Se cree que los asteroides contienen grafeno en abundancia y varias empresas privadas, entre ellas Amazon y Virgin, se proponen capturar estos asteroides y aproximarlos a la Tierra con el fin de explotar su minería de grafeno.

Cabe destacar que cualquier viaje espacial de larga duración afecta a la salud de los astronautas. A partir de la Luna, los astronautas están expuestos a la radiación cósmica, lo que pone en peligro sus vidas por las mutaciones que esta radiación puede ocasionar en los seres humanos. El viaje a Marte podría afectar seriamente a los astronautas, hecho que no ocurriría si sus naves estuvieran protegidas por una capa de grafeno. Este hecho convierte al grafeno en un material necesario para la conquista del espacio. En la producción de grafeno España se sitúa en la cabeza del mercado global, lidera la producción europea. Movió en 2012, 9 millones de euros. La primera del sector es la empresa vasca Graphenea Nanomateriales, líder en láminas de grafeno de alta calidad. Su CEO es Jesús de la Fuente. Venden a Nokia, Philips, Nissan y Canon.

La segunda empresa es Graphenano de Ciudad Real y Alicante con delegación en Alemania. Su vicepresidente es José Antonio Martínez. Presume de producir 50.000 cm² en una o dos horas. Y la tercera Avanzare, que produce grafeno en polvo. Es una empresa riojana líder en Europa en producir nanografeno, habiendo sacado al mercado en 2011, 30 toneladas. Su gerente es Julio Gómez.

Avanzare, cuenta en sus instalaciones con reactores con una capacidad de 3.500 litros para la producción a gran escala de este material, ha firmado ya acuerdos de distribución en varios países para su producción industrial del grafeno y nanografeno. En la órbita de los riojanos se sitúa la burgalesa Granph Nanotech.

El día en que alguien pueda *hackear* nuestra mente

La Universidad de Brown y la Universidad de Pittsburg han realizado experimentos en los que alguien que ha perdido un brazo puede «instruir» un miembro artificial implantado a través de la actividad mental. Se trata de una primera etapa de la investigación, en la que un pequeño electrodo debe ser implantado dentro del cerebro para permitir que el sujeto interactúe con el ordenador que controla el movimiento de la extremidad artificial.

El laboratorio de Samsung Corporation está trabajando en dispositivos que se colocan en la cabeza de una persona, una especie de gorra que permite detectar y traducir las señales eléctricas débiles de la actividad cerebral. En un primer paso los programas computarizados de Google están trabajando para que a una persona pueda sentir si un ordenador está encendido o apagado. También se está trabajando en la posibilidad de que este interfaz, cerebro-computador, permita con un simple guiño del ojo poner en marcha o apagar el ordenador.

Investigadores de la Universidad de Washington han anunciado que la parte del cerebro que está enviando la «instrucción», no es una parte sola y determinada, sino que se basa en muchas otras partes del cerebro para formular y transmitir el «mensaje»; el cerebro se activa en un todo, como explico en mi libro *Cerebro 2.0*. La implicación de esto, según los investigadores, es que el sujeto no tiene que encontrar «la neurona correcta» para conectar el electrodo, ya que el cerebro puede aprender a encontrar «las neuronas correctas» y conectarlas al sistema que se desea.

La empresa NeuroSky, de Silicon Valley, ha lanzado un auricular bluetooth que puede monitorizar pequeños cambios en las ondas cerebrales y permitir a los usuarios jugar juegos basados en la concentración de los ordenadores y los teléfonos inteligentes.

Los fabricantes de automóviles están trabajando en sensores que pueden poner en respaldos de los asientos y que detectan un cambio en las ondas cerebrales cuando empiece a quedarse dormido el conductor durante el recorrido. El dispositivo sería capaz de mover bruscamente el asiento para despertar al conductor o avisarlo con un sonido estridente en el interior del coche.

Pero el interfaz cerebro-máquina también tiene sus riesgos. Si por un lado es un progreso el hecho de que el cerebro se pueda comunicar con el ordenador, también existe el peligro de que esta comunicación implique la posibilidad que el equipo electrónico sea capaz de enviar instrucciones al cerebro. En este caso nos exponemos a que alguien puede hackear nuestra mente.

En la Universidad de Buffalo los investigadores están consiguiendo avances en la tecnología que permiten a las personas controlar robots con sus mentes. La Universidad de Buffalo no ve este avance como una dominación del mundo, sino más bien como la aplicación de estos Brain-Interface-Computer (BCI) dispositivos para la fabricación, la medicina y otros campos.

Destaca Thenkurussi Kesavadas que: «La tecnología tiene aplicaciones prácticas que sólo estamos empezando a explorar (...) como por ejemplo, podría ayudar a los pacientes parapléjicos para controlar los dispositivos de ayuda, o puede ayudar a los trabajadores de la fábrica a realizar tareas avanzadas de fabricación».

Se ha conseguido que un casco equipado con muchos sensoreses leen las señales eléctricas –electroencefalogramas– de la actividad cerebral y las transmitan de forma inalámbrica a un ordenador. Entonces, el ordenador envía señales al robot para controlar el movimiento de este.

El casco desarrollado por la Universidad de Buffalo, se basa en un casco o instrumento relativamente barato, no requiere una intervención invasiva en el cerebro, se encaja en la cabeza como un sombrero y está equipado con sólo 14 sensores. Kesavadas demostró la tecnología de esta casco con un estudiante que se entrenó con el equipo durante unos días, y logró utilizarlo para controlar un brazo robótico con el que insertó una clavija de madera en un agujero y la hizo girar. Con ello se demostró que no era tan difícil utilizar los pensamientos para mover un brazo articulado.

La industria americana ya ha convertido este descubrimiento en un juguete que está de moda en Estados Unidos: el helicóptero Orbit de Puzzlebox, que vuela con la fuerza del pensamiento. El sistema es parecido al expuesto anteriormente. El jugador lleva un casco que registra la actividad eléctrica del cerebro. A través de dos electrodos mide la diferencia potencial entre el córtex prefrontal y el lóbulo de la oreja. Este sistema detecta dos actividades distintas: la concentración y la relajación mental. Cada una de estas actividades le corresponde un perfil eléctrico preregistrado.

Para hacer despegar el helicóptero el jugador tiene que concentrarse o relajarse, acto que el casco compara con sus perfiles de referencia y, si la similitud es suficiente, el helicóptero vuela.

El jugador regula el nivel de similitud requerido en su aplicación de su Smartphone, conectado en Bluetooth con el casco. Por su parte el helicóptero sólo lleva pilas recargables.

Lo que denominamos Inteligencia Artificial, (I.A.) es el resultado del Brain-Interfaz-Computer (BIC), que se está convirtiendo en una gran ayuda para los parapléjicos y tetrapléjicos, ya que a través de BIC se puede controlar extremidades robóticas y restaurar miembros paralizados. La I.A. está dando sus primeros pasos en el mundo de los diagnósticos, donde no sólo se utiliza para la formación de alumnos, sino también para la gestión del cáncer de pulmón.

El mundo de la cultura y el cambio de *chip* mental

La sociedad del futuro tiende hacia la cultura y el conocimiento, y el sector de la cultura estará cada vez más en alza. No son especulaciones gratuitas ni ánimos a los maltrechos editores por las dificultades de su sector y el poco interés de algunos gobiernos en apoyar la industria del libro, se trata de análisis prospectivos realizados por las mejores *think tank* del mundo, que concluyen recomendando: «...invierta en el sector de la cultura y el conocimiento, es un mercado en alza».

Estos análisis se basan en que en los próximos años viviremos el acceso a cantidades inmensas de información, ocio y conocimiento, lo que llevará a una reconversión del sector cultural, ya que surgirán nuevas formas de crear, acceder y consumir cultura.

Pero este acontecimiento también comporta un cambio en el sector. Los viejos oficios de escritor, productor, director de cine, directores de museos, editores, libreros y bibliotecarios, se transformarán en esta era digital.

La música, libros, cine, prensa, entrarán a forma parte del mundo digital, y esto no sólo significa un cambio en estos aspectos, sino en los procesos industriales que los generan, desde la producción hasta la distribución.

Todos los especialistas en prospectiva apuestan por un futuro basado en la cultura y el conocimiento. Y esto parece lo más lógico ante una sociedad cada vez más formada y mejor educada. Un individuo con unos estudios superiores tiende más a interesarse y preocuparse por temas intelectuales, huye de la televisión basura y sólo opta a este medio para acceder a reportajes interesantes o películas de un gran valor artístico.

La relaciones sociales estarán marcadas por un mayor índice de intelectualidad, lo que significa que se valorará a los individuos por su cultura, sus conocimientos y, sobre todo, por la capacidad de estar al día en los avances de las tecnologías emergentes y descubrimientos de la ciencia. No nos debe, por tanto, extrañar que los test de acceso a determinados puestos de trabajo consideren estos factores en su selección de personal.

Los especialistas en prospectiva argumentan otros factores que consolidan esta tendencia, como el ocio y la mayor disponibilidad de tiempo para estudiar, informarse y adquirir nuevos conocimientos.

Hay por ejemplo, en la actualidad, personas que se entusiasman por los descubrimientos dentro de la arqueología egipcia, pero no tienen tiempo para dedicarse a estudiar o acceder a más conocimientos. En el futuro eso lo podrá realizar desde el salón de su casa, podrán acceder a las tumbas egipcias en 3D y tener un profesor personalizado que, frente a él, le impartirá una clase magna y responderá a todas las cuestiones que le plantee. Todo por módicos precios y cómodamente.

Si desea realizar un estudio sobre la música podrá descargarse en el salón de su casa una legendaria orquesta como la de Glenn Miller, acceder al holograma de cada músico y conocer los más curiosos y anecdóticos sucesos de su vida.

No será necesario estimular a nadie para que se adapte al mundo cultural que emergerá, el mismo sistema actuará como actuó en los cambios que produjo internet. La *jet set* de mañana considerará los conocimientos y la cultura como el «soma» necesario para comentar y tratar cada día. internet venderá este producto con todas sus innovaciones: los viajes espaciales, los nuevos descubrimientos, las nuevas producciones en 3D, las nuevas creaciones musicales, los ídolos contestando a directamente a las preguntas que se les formule, etc.

El cambio de «chip» se producirá como consecuencia de lo que emergerá en la sociedad. Quien no esté al día en los nuevos descubrimientos, en los conocimientos y en las grandes exploraciones espaciales, se verá abocado a vivir aislado de una sociedad que rehuirá de las simplezas, lo vulgar, prosaico y carente de interés.

Capítulo 8

ROBOTS: MÁS HUMANOS QUE LOS HUMANOS

«¿Qué harías si fueras un robot maniático depresivo?»
De la película *Guía del autoestopista galáctico*

«Nuestro lema es: más humanos que los humanos.»
De la película *Blade Runner*

Robot, el mejor amigo del hombre

Antes de que aparezcan los avatares viviremos unas décadas de robots metálicos que nos ayudarán y nos sustituirán en labores peligrosas. Formarán parte de la investigación necesaria para poder realizar una transferencia de nuestro cerebro a un avatar.

Los componentes de *Initiative 2045* se han lanzado a la conquista del mundo de los robots, una experiencia que servirá para consolidar los avatares. Los robots serán la transición antes de llegar al avatar y, permitirán desarrollar sus cerebros para poder realizar los BIC (Brain-Interface-Computer).

La robótica es algo que ha apasionado a los seres humanos desde hace más de mil años, y también es uno de los campos que va a emerger con más intensidad en los próximos años. Los robots merecen una especial atención en el proyecto *Initiative 2045*, porque serán la transición entre la máquina pura y dura y los avatares. El hombre siempre ha estado obsesionado por los seres automáticos, ya el papa Silvestre, en el año 1.000, disponía de una cabeza robótica que contestaba «si» o «no» a las preguntas que se le formulaban. Narra la historia que tras el asesinato de este papa, la cabeza fue destruida, ya que sus detractores aseguraban que estaba endemoniada. En los cientos de proyectos de Leonardo de Vinci se han descubierto unos bocetos de 1495 en los que Leonardo esbozó su idea de un caballero metálico, se desconoce si llegó a realizar algo más que un boceto.

Existe una leyenda en la que una especie de avatar fue creado en el siglo XVI por el rabino Loew de Praga, estaba elaborado con arcilla roja y convertido en ser viviente por fórmulas mágicas. Fue conocido como Golem. Más tarde en el siglo XVII se elaboraron otros golems, el último en 1840 por el rabino David Jaffre.

Estamos hablando de fantasías de la época sin ningún rigor científico. Sirvan como anécdotas de la necesidad que ha tenido el ser humano de crear androides.

El ser humano siempre ha tendido a querer construir robots para que le sirvieran. Al principio fueron seres de hojalata como aquel legendario robot que ilustraba las historias del *Mago de Oz* con un ridículo embudo en la cabeza. Hubo dos tendencias en el desarrollo de los robots, los de estructuras no humanas y los androides. Ejemplo de ellos lo tenemos en aquella pareja inseparable de *La guerra de las Galaxias*: C3PO y R2D2. Pero mucho antes tuvimos antecedentes de los robots, nombre que aparece por primera vez en una obra de teatro checa de 1921: *Los robots universales de Rossum*. En 1927 Fritz Lang nos haría partícipes de los robots en *Metrópolis*. De ahí pasamos al robot Robby de *Planeta Prohibido*, en 1956; a Hall 9000 de Stanley Kubrick en *2001 Una Odisea del espacio;* y finalmente llegaríamos a *Terminator* y los «avatares» de la insuperable *Blade Runner* de Ridley Scott en 1982. Ahora las series de televisión nos deleitan con *Almost Human*, una pareja de policías integrada por un ciborg y un androide.

Sean de nuestro agrado o no, los robots ya están entre nosotros y serán parte de nuestra familia. Nos han arrebatado puestos de trabajo y han limitado el número de trabajadores en las industrias, pero también han creado grandes empresas y alentado a nuestros jóvenes en nuevas carreras tecnológicas.

En la actualidad hay más de un millón de robots en el mundo. Se utilizan para el montaje de coches, productos electrodomésticos y otros aparatos, para el manejo de materiales peligrosos, trabajan con aerosol-pintura, limpian cloacas y vidrieras de grandes edificios, detectan bombas y realizan intervenciones de una cirugía compleja. Este ejército mecanizado va a aumentar en los próximos años, y nuestras vidas van a cambiar tan radicalmente como cambiaron con la aparición de internet y los smartphone.

En medicina consultaremos algunos problemas con robots y seremos intervenidos quirúrgicamente por robots como es el caso de Da Vinci en el Hospital del Mar de Barcelona, o seremos sedados como ya lo realiza el robot Sedasys, vigilando atentamente mientras estamos dormidos.

Dos empresas de tecnología emergentes se están disputando el mercado de la robótica: Google y Amazon.

El propietario y director ejecutivo de Amazon, Jeff Bezos, quiere desplegar una flotilla de vehículos o aviones no tripulados para entregar pequeños paquetes a los clientes, algo que no parece muy posible debido a las restricciones aéreas en ciudades y las dificultades de la entregas en apartamentos. Bezos, sin embargo, está convencido que Amazon Prime Aire podría estar en funcionamiento dentro de cuatro a cinco años, en espera de las pruebas de seguridad adicionales y la aprobación del gobierno.

Google, encabezado por el jefe de Android Andy Rubin parece más pragmático, y dada su conexión con *Initiative 2045*, ha mostrado gran interés en la robótica, asunto que ya trataremos más adelante.

El mundo de la robótica avanza a una velocidad escalofriante, cada día salen modelos nuevos de los laboratorios. Hablaremos de algunos de estos modelos que ya han dado sus primeros pasos y, algunos, comienzan a ser operativos, en realidad, como ya he dicho, hay en el mundo más de un millón de robots sirviéndonos.

Poco a poco las tendencias cambiaron y los androides dejaron de tener ridículos aspectos humanos e inseguros movimientos para alcanzar la perfección de ASIMO (Advanced Step in Innovative MObility), un robot humanoide desarrollado por Honda que fue considerado como uno de los más avanzados del mundo, aunque este pódium dura poco en la industria robótica, en la actualidad existen otros modelos desarrollados por DARPA y la NASA mucho más más avanzados. ASIMO, que ha terminado en un museo, mide 130 centímetros y pesa 48 kilogramos, y se alimenta con un batería recargable de 51,8 voltios de una autonomía de una hora. Lleva sensores visuales que le permiten identificar obstáculos aunque estén en movimiento. Sus sensores de detección son láser, infrarrojos y ultrasónicos. ASIMO identifica caras humanas, recibe órdenes gestuales y de voz, puede transportar objetos de medio kilo con cada mano. En definitiva, se trataba de uno de los robots más avanzados. Es posible que variaciones con nuevas aplicaciones para ASIMO, un ASIMO-2 lo vayan perfeccionando.

Los robots son los servidores del futuro, los que realizarán tareas que el ser humano no puede efectuar. Tareas en minas peligrosas con gas grisú, enfermeros en hospitales, tareas en el espacio y otros planetas, tareas educativas, cirugía de invasión mínima como la que realiza el robot Da Vinci en el Hospital de Mar de Barcelona, limpieza de hogares, etc.

Destacan los economistas del MIT que los robots tendrán como objetivo definitivo reemplazar a los humanos en casi todos los trabajos que realiza, un hecho que cambiará drásticamente la economía. En un mundo donde trabajen sólo los robots, todo será mucho más barato, dado que el coste de la mano de obra se reducirá a cero. Por otra parte los seres humanos dispondrán de más tiempo y podrán dedicarse a otras actividades, como el arte, la literatura, la música o la investigación. Será un cambio de cultura de trabajo, algo que no es nuevo, ya que la tecnología ha estado siempre influyendo en la cultura.

Este cambio deberá ser estudiado en profundidad antes de que se produzca, ya que puede tener su lado negativo. Una sociedad influida por la robótica crea unos seres que comienzan a esperar menos de sus congéneres y genera una idolatría sobre la tecnología.

En cualquier caso tenemos una realidad, que es que los robots están a punto de convertirse en algo habitual entre nosotros. En realidad ya vivimos en un mundo robotizado, aunque prescindamos de este hecho. Las energías que recibimos están controladas por computadoras, el tráfico de nuestras ciudades está dirigido también por computadoras, el Boeing 777 que nos lleva de un aeropuerto a otro vuela por un pasillo aéreo controlado por ordenadores y despega y aterriza de una forma automática, mientras nosotros prescindimos o miramos a otro lado ante estos escenarios robotizados.

Duelo de titanes: Atlas contra Valkyrie

Que los jóvenes ingenieros de robótica de las universidades compitan con sus pequeños robots en la «arena» de sus facultades es bueno y provechoso para su ingenio constructor. Pero ahora los próximos que van a competir van a ser los robots más sofisticados que se han construido hasta la fecha. Dos máquinas desarrolladas para luchar en las batallas del futuro, dos Terminators y, digámoslo también, para salvar vidas en los tiempos de paz.

Uno de los modelos de robot más avanzado es el denominado Atlas, una innovación del Departamento de Defensa de EE.UU. (DARPA). Atlas es un robot humanoide que se dio a conocer en verano de 2013 por la Boston Dynamics. Se trata de un robot de 1,80 metros de altura y unos 150 kilos de peso aproximadamente. Lleva incorporado un láser que le proporciona un mapa detallado en 3D de visión. Sus manos son robóticas con diferentes funciones. Por ahora está conectado para su manejo, pero en 2014 un software de control humano lo convertirá en operativo sin conexión.

¿Para qué se utilizará Atlas? Sus brazos le permiten transportar grandes pesos, pero su aplicación está destinada para actuar en crisis nucleares permitiéndole entrar en las centrales afectadas. También podrá sellar derrames de petróleo y actuar en otros tipos de accidentes. Incluso podría cuidar ancianos y personas enfermas. Boston Dynamics no sólo trabaja en este prototipo, ya ha desarrollados otros modelos como la mula de carga L93, o un robot escalador de paredes conocido como Rise.

Boston Dinamics estaba orgullosa de su robot Atlas hasta que apareció Valkyrie, un nuevo robot de la NASA que está dispuesto o dispuesta a competir con el Terminator de Atlas.

Valkyrie, nombre que evoca a una diosa mitológica nórdica, ha sido desarrollado por el Centro Espacial Johnson de la NASA, y han colaborado en su construcción, la Universidad de Texas, y Texas A&M University.

Valkyrie tiene un peso de 124 kilos y una altura de 1,88 metros. Camina ya sin ataduras con una batería almacenada en su mochila que le ofrece una autonomía de una hora. Lleva sensores incorporados, sonar y cámaras en la cabeza, brazos, abdomen y piernas que le permiten una gran visión. ¿Por qué tantas cámaras? Por la sencilla razón que Valkyrie puede rotar de cintura 44º y recoger objetos del suelo, movimientos que Atlas no puede realizar.

La flexibilidad de movimientos de Valkyrie lo hace apto para conducir un vehículo, socorrer en desastres en centrales nucleares y terremotos. Ha sido un robot diseñado para la conquista de Marte, ya que, según el programa de la NASA, será el primero en ser enviado a Marte con el objetivo de abrir camino a los colonizadores y ayudarlos cuando estos lleguen a este planeta.

Valkyrie y Atlas se enfrentaron en un *trial* con otros robots, el pasado diciembre de 2013. Sin embargo, la competición sufrió un giró cuando Google compró, inesperadamente, el 13 de diciembre de 2013, Boston Dynamics, por un cifra que hasta la fecha se ha mantenido en secreto. Google propuso una competición entre todos los fabricantes de robots con un premio en metálico para aquel robot que mostrase las mejores habilidades.

Robots androides debutarán en el mundo laboral en las tareas espaciales, en la ISS y en la minería espacial. Rusia, que no se ha quedado al margen de la carrera robótica, ya ha anunciado que para 2015 tiene previsto enviar un robot a la ISS. Se trata de Robonaut SAR-400 o SAR-401, construido por Gagarin Training Research Institute.

En el mercado de la robótica cabe destacar al robot Cheetah, de la Boston Dynamics capaz de correr, en una cinta automática, 29 millas por hora, convirtiéndose en más rápido que el medallista olímpico de 100 metros, el jamaicano Usain Bolt.

Otro robot interesante, al margen de Atlas y Valkyrie, es Chimp, diseñado por la Universidad de Pittsburgh, una plataforma inteligente móvil que abre puertas y puede colocar una manguera de bomberos en un grifo.

El trial del siglo, primera competición robótica

El pasado 20 y 21 de diciembre se celebró en Honesfead (Miami), el gran «DARPA, Desafío de Robots». En el que compitieron 17 robots, para demostrar cuál era el mejor. Los favoritos eran Atlas de la Boston Dinamics/Google, Valkyrie de la NASA y los robots del MIT.

Aún se realizará una final este año en la República Democrática del Congo, con 14 robots.

Se les otorgó a los 17 robots, treinta minutos para realizar ocho tareas, desafíos en que tenían que demostrar su movilidad, destreza, fuerza y otras cualidades. Las tareas fueron las siguientes:

- Una: Conducir un vehículo, saber entrar y salir de él. Un auténtico reto de destreza para el robot.
- Dos: Caminar sobre un terreno dificultoso manteniendo el equilibrio.
- Tres: Despejar un camino de residuos abriéndose paso entre ellos y dejándolo disponible para los humanos.
- Cuatro: Abrir un serie de puertas. Una tarea que demostrará su percepción y destreza.
- Cinco: Subir por una escalera industrial manteniendo su equilibrio.
- Seis: Utilización de herramientas eléctricas demostrando su flexibilidad para manipularlas suavemente. Saber perforar con un taladro manual.
- Siete: Transportar y saber conectar una manguera de agua a una espita y manejarla. Transportar otros objetos voluminosos.
- Ocho: Identificar una válvula entre varias, determinar cuál está abierta y saberla cerrar.

No son tareas sencillas, muchos humanos no las saben realizar. Son pruebas destinadas a demostrar su capacidad ante un accidente o catástrofe, esos sucesos que hacen perder los nervios a los humanos pero que mantienen impasibles a las máquinas porque aún no tienen inteligencia emocional.

Las empresas que participaron con sus robots fueron: RoboSimiam; PI & Sliding Autonomy Lead; Mesa Universidad de Colorado; PENN Robotics y Robotics Mechanisms Laboratory; Lockheed Martin y la Universidad de Pennsylvania; ViGir y las universidades de Darmstadt y OSU en Orgeon; NASA; TracLabs; WPI Robotics Engineering y la Carnegie Mellon University; Jet Propulsion Lab, Caltch y Lelan Stanford University.

Los cinco primeros ganadores fueron Schaft con 27 puntos; IHMC Robotics (Institute for Human & Machine Cognition), con 20 puntos; y Tartan Rescue con 18 puntos; MIT con 16 puntos y Robosiman con 14 puntos. Los robots favoritos Valkyrie y Atlas de la NASA y Boston Dinamics, respectivamente, quedaron los últimos al sufrir averías.

Robots asesinos

No nos engañemos, empezaremos a toparnos con robots estos próximos años y este acontecimiento en nuestras vidas es un problema que también está originando discusiones dentro del tema moral y ético. ¿Pueden surgir robots asesinos? Ante el despliegue de robots inteligentes en el campo de batalla, los gobiernos se han comprometido a observar más de cerca los problemas que plantean estas armas. Ya se han producido diversas polémicas por las matanzas originadas por los drones, pero detrás de un dron, siempre hay alguien que lo maneja. En el caso de los robots la autonomía será cada vez más grande y ante este dilema hay quienes plantean como primer paso una prohibición total o una moratoria antes de que hayan sido construidos.

Los gobiernos que forman parte de la Convención sobre Armas Convencionales (CCW) han acordado reunirse en Ginebra el 2014 para discutir los temas relacionados con los llamados «sistemas de armas letales autónomas», también conocidos como «robots asesinos.»

No nos engañemos, los robots también serán las peores armas mortíferas. Hoy los ejércitos modernos ya disponen de una amplia gama de vehículos robotizados: drones que atacan desde el aire, vehículos robóticos que detectan minas, y mini robots capaces de entrar en lugares imposibles y espiar al enemigo.

Las grandes batallas serán dirigidas y controladas desde bunkers a miles de kilómetros del lugar de los hechos. Participarán drones de todos los tamaños, explotarán misiles procedentes de silos alejadísimos, en tierra lucharán androides cada vez más perfeccionados. Los militares han descubierto las ventajas de los robots integrados en el ejército y en la guerra: no necesitan comida o paga, no se cansan y ni necesitan dormir, siguen las órdenes de forma automática, no sienten miedo, etc. Y no necesitan funerales si son destruidos.

Los drones precisan un piloto, alguien que toma decisiones sobre cuándo se debe disparar un misil. Pero, ¿qué ocurrirá cuando surja una generación de robots que tomen sus propias decisiones? Es decir, que decidan dónde atacar y a quién matar. Y esta generación de robots la tendremos antes de dos o tres décadas.

Los gobiernos han visto que las armas totalmente autónomas plantean serias preocupaciones éticas y legales, y que es preciso establecer una normativa. Los expertos creen que a las máquinas no se les debería permitir tomar la decisión de matar a la gente. Y se apoya la necesidad de que siempre estén bajo el control humano como una garantía absoluta de supervisión humana. Lo que parece imposible es acordar una moratoria, porque siempre habrá alguien que la incumplirá y creará un robot de combate.

Por otra parte nunca se podrá realizar una rendición de cuentas a un robot. No se le puede culpar de lo que ha sucedido en el campo de batalla. Ni nadie puede garantizar que un robot no será *hackeado*, o que una bala atraviese su armadura y trastorne su ordenador, o que lleve un error humano en la codificación.

El campo de batalla es cada vez más tecnológico. Las guerras modernas ya no precisan miles de soldados desembarcando en una playa siendo abatidos por el fuego enemigo. En Normandía los generales valoraban más un vehículo o un tanque, que un soldado. Por el hecho que soldados tenían todos los que querían.

Por otra parte, la IA está hoy limitada, pero mañana no tendrá límites. Los robots (y la inteligencia artificial) están desempeñando un papel cada vez más grandes en la sociedad. Por esta razón igual como se crearon reglas sobre el trato de los prisioneros de guerra, algo que no respetó ningún bando, especialmente los alemanes y los japoneses, es necesario crear un conjunto de reglas, un marco moral, para gobernar la IA y los robots. Recordemos que Isaac Asimov ya estableció tres leyes:

1. Un robot no debe dañar a un ser humano o, por inacción, permitir que un ser humano sufra daño.
2. Un robot debe obedecer las órdenes dadas por los seres humanos, excepto cuando tales órdenes entren en conflicto con la Primera Ley.

3. Un robot debe proteger su propia existencia, hasta donde esta protección no entre en conflicto con la primera o segunda ley.

La doctora Joanna Bryson de la Universidad de Bath cree que las leyes no las tenemos que imponer nosotros, sino los fabricantes de los robots y que «tenemos que tomar la decisión para que los robots se coloquen dentro de nuestro marco moral». Es evidente, entre otras cosas, que debe existir una ética de los fabricantes y evitar que los robots puedan ser diseñados de manera engañosa para explotar los usuarios vulnerables, sino que su naturaleza la máquina debe ser transparente.

Robots creados a nuestra imagen y semejanza

En los robots actuales su aspecto humanoide ha evolucionado considerablemente, ya que cada vez tienen un parecido más humano, entre otras cosas debido a que mientras más humano se vea un robot menos aterrador es. Así vemos que la nueva tendencia es la construcción de robots con parecidos humanos. Incluso con expresiones en sus rostros que denoten emociones. Se pretende que los avatares de *Initiative 204* sean lo más parecido posible a los humanos, incluso se desea que sean la imagen del donante del cerebro. El mundo de los robots está entrando en una fase compleja y un mundo que puede irse de las manos. La perfección en los robots puede terminar en rebelión como la historia de Isaac Asimov en *Yo Robot,* o con simpáticos sirvientes como los del *Dormilón* de Woody Allen.

Al hablar de robots no siempre son androides. Los drones no dejan de ser robots que vuelan, y los nuevos modelos ya tienen la capacidad de tomar decisiones, de llevar a cabo ataques de manera autónoma sin la intermediación humana. Ishiguro, de *Initiative 2045*, es de los que aboga en la necesidad de programarlos para que respeten la legislación internacional. En el caso de los drones, ya que no podemos impedir que se fabriquen, hay que programarlos para que sepan distinguir entre combatientes y civiles.

El futuro del mundo robótico está garantizado, es una tendencia al alza y un mercado en el que cada día se incorporan más empresas. Toda aquella industria obsoleta que está desapareciendo y todas aquellas tiendas que se están cerrando, serán sustituidas por este nuevo mercado. Grandes industrias serán convertidas en inmensas naves donde se ensamblarán robots; entraremos en tiendas en las que sus estanterías serán féretros que ofrecerán diferentes tipos de androides con sus especialidades detalladas para el comprador; cualquier línea de fabricación tendrá brazos robóticos para soldar, cargar, pintar o perforar. Existirán tiendas especializadas en las que, a través de la tecnología 3D, fabricarán androides personalizados, es decir, con nuestra imagen o con la que queramos. Habrá quien escogerá la imagen de una actriz o artista de cine, hasta quien preferirá la imagen de un ser perdido. El morbo y los gustos es algo que no le interesa al fabricante.

La televisión nos ofrecerá modelos en nítidos hologramas en el centro de nuestra sala de estar. La publicidad nos machacará igual que lo hace hoy con miles de productos del mercado.

Google apuesta por la robótica

Que el mundo de la robótica es un mercado en alza se evidencia por los movimientos empresariales que se producen en este sector. En los últimos seis meses Google ha adquirido siete empresas de robótica y ha comenzado a contratar personal para el desarrollo e investigación en este campo en el que ha puesto al frente a Andy Rubin que dirige Google Androide

El nuevo paso de Google no forma parte de Google X, los laboratorios experimentales de la Compañía, sino un proyecto para aprovechar hoy y en el futuro los avances de la robótica en nuestra sociedad. Para el desarrollo de este nuevo campo, Google ha contratado un equipo de ingenieros japoneses especializados en robot humanoides. Para Sethu Vijayakumar, director del Laboratorio de Robótica de la Universidad de Edimburgo, esto es una clara señal de que la robótica personalizada entrará en breve plazo en el mercado.

Google ha sentado la sede de operaciones de la investigación y búsqueda robótica en Palo Alto, California, además de una sede en Japón. Ya se están construyendo hardware y software.

Una idea de las empresas adquiridas en 2013 por Google nos puede orientar sobre cómo será el futuro que se avecina:

- Autofuss: compañía de San Francisco que emplea la robótica para crear anuncios.
- Bot y Dolly: compañía hermana de Autofuss especializada en robótica precisa de movimiento y la realización de películas.
- Holomni: compañía de Mountain View, California, especializada en los módulos de las ruedas giratorias que podrían acelerar el movimiento de un vehículo en cualquier dirección.
- Percepción Industrial: con sede en Palo Alto, centrada en el uso de tecnologías robóticas 3D Visión guiada para automatizar la carga y descarga de camiones y manejar los paquetes.
- Meka Robotics: Un *spin off* del Instituto de Tecnología de Massachusetts (MIT) que construye las partes del robot con apariencia amigable que da más seguridad a los seres humanos. Sus productos incluyen cabezales con sensores oculares grandes, brazos y un «torso humanoide».
- Redwood Robotics: compañía con sede en San Francisco, que se ha especializado en la creación de brazos robóticos de última generación para uso en las industrias de fabricación, distribución y servicios de atención sanitaria.
- Schaft: un *spin off* de la Universidad de Tokio, que se centra en la creación y el funcionamiento de los robots humanoides, ganadora de encuentro de robots en Miami.

Nadie puede dudar que Google no se esté volcando en la robótica para terminar en la creación de avatares. Y como ejemplo de ello tenemos que ha adquirido Boston Dynamics, la principal empresa de robótica que trabaja para el Pentágono.

Boston Dynamics, con sede en Waltham, Massachusettes, es la más avanzada industria en robótica. Se trata de un esfuerzo más de Google, cuya división de robótica tiene al frente a Andy Rubin, que ya desarrolló Android, el software de smartphone más utilizado del mundo.

Todo apunta a que Google no sólo quiere robots para empaquetar y realizar trabajos mecánicos, sino que esta industria tiene relación con *Initiative 2045*, y los futuros avatares. La experiencia de Boston Dynamics en todo tipo de robots le permite a Google no tener que partir de cero en una tecnología desconocida para sus laboratorios. Boston Dynamics ha desarrollado los mejores robots capaces de desplazarse por terrenos difíciles, galopar y ascender por terrenos inaccesibles.

Con la compra de Boston Dynamics, Google se ve obligado a cumplir los contratos que tiene esta empresa con DARPA, pero Google ha dejado bien claro que se vayan a convertirse en contratistas militares. La política y la filosofía de Google es ayudar al mundo, no armarlo. El proyecto Atlas seguirá su ritmo de fabricación. Incluso se propone un concurso con un premio de dos millones de dólares en el que compitan los robots de todo tipo.

Google, igual que apostó por la inmortalidad y la investigación con avatares, apuesta por los robots... por lo menos hasta el año 2045. No nos engañemos, en pocos años, los robots van a estar cada día más presentes en nuestra sociedad. Andrew McAffe, investigador del MIT y autor de *The Second Machine Age*, pronostica una nueva era de la tecnología robótica, pero también advierte que cada vez habrán menos puestos de trabajo. La nueva economía no estará basada en el trabajo, sino en las ideas. McAffe se replantea el hecho que tal vez habrá que adaptarse a un mundo que no tiene necesidad del 30% de su población. También coincide con otros analistas que los elementos culturales enriquecerán nuestras vidas.

¿Tienen orgasmos los robots?

Las nuevas tecnologías ya nos han llevado a descubrimientos que están relacionados con el sexo. Algunos ya superados como el Viagra, los anticonceptivos, y los preservativos.

No quiero que me tachen de puritano por olvidar un tema tan viejo como la historia de la humanidad: el sexo. Si el mundo del futuro nos ofrece aspectos culturales, también ofrecerá aspectos relacionados con el erotismo. Hoy los *voyeurs* disponen de miles de cintas de video con todo tipo de actividades sexuales, en el 2045, y mucho antes, estas imágenes serán virtuales, en 3D o en hologramas realizando un *striptease* en medio de la sala de nuestra casa o sobre nuestra cama. Si el sujeto quiere algo más real dispondrá de robots a tamaño natural con aspecto humano que podrá utilizar como hoy utilizan las muñecas hinchables. En lo que se refiere a productos vivificantes, la gama de estimulantes o comprimidos tipo Viagra será inagotable. Algunos de estos comprimidos estimularán partes de nuestro cerebro que descargarán neurotransmisores con acetilona, oxitocina o dopamina que estimulan nuestra actividad sexual.

Los preservativos de grafeno pueden ser una realidad en el 2016. Bill Gates ha propuesto una dotación de 100.000 dólares para la investigación y desarrollo de su viabilidad. Los preservativos de grafeno ofrecerán varias ventajas: una mayor resistencia y práctica imposibilidad de rotura; material mucho más fino y, por tanto, más placentero. En realidad la idea de Bill Gates está fundamentada en convertir el preservativo en algo que se use globalmente sin pérdida de placer, con el objetivo de evitar las enfermedades de transmisión sexual y el SIDA.

¿Sujetadores inteligentes? Pues sí, eso es lo que proponía Microsoft a finales de 2013. Es muy posible que se desarrollen en el futuro, depende del interés que despierten. Cuando hablamos de sujetadores inteligentes no nos referimos a piezas que salten solas o cambien de color. Ni que contengan piezas hinchables que eleven los senos ante la proximidad del futuro amante. Se trata de otro tipo de inteligencia menos erótica.

Los sujetadores inteligentes van equipados con sensores fisiológicos que buscan monitorizar la actividad cardiaca de la mujer para detectar su estado de ánimo. Los sensores van conectados al Smartphone que emite señales sobre ese estado de ánimo y advierte contra la tentación de comer dulces u otros alimentos. Algo muy habitual cuando alguien está deprimido/a. Se trata de un producto que sólo tiene de erótico, para aquellos voyeurs de la lencería seductora, la prenda que utiliza como soporte. La función es detectar la depresión y evitar que la mujer comience a comer para evitar ese estado.

Imagino que estos sensores sabrán diferenciar entre una glándula mamaria y una mano extraña que se pose sobre el sensor, situación que provocaría que el smartphone recogiese la alarma de una mano que pudiera estar terriblemente deprimida o ansiosamente apasionada.

¿Qué podrán hacer los robots?

Los robots servidores no sólo están en los domicilios y oficinas, también abundarán en los hospitales controlando monitores e incluso realizando intervenciones quirúrgicas con mucha más precisión que los seres humanos. Me alertaba un amigo de la necesidad de un trato humano entre paciente y médico, no entre paciente y una fría máquina. Es cierta esa necesidad psicológica, pero ¿para quién? Las nuevas generaciones se habrán habituado más a las máquinas que a los facultativos y desconfiarán de los diagnósticos que le explique un ser humano. Habrá una generación que todavía necesitará las amables caricias de un médico o enfermera, pero recordemos que he explicado que la tendencia es crear robots cada vez más parecidos a los seres humanos, con movimientos faciales humanos y voces humanas, es decir, a nuestra imagen y semejanza. Es posible que llegue un momento que nos sea difícil distinguir un robot de un ser humano.

Los nuevos robots estarán programados con la totalidad de información que necesita de antemano. Se programarán para que sepan moverse y que puedan anticiparse a lo que está pasando en la mente de las personas con las que están interactuando.

¿Podrá ser un robot creativo? ¿Podrá pintar un cuadro abstracto? Muchos especialistas en robótica no lo creen posible, pero a largo plazo tampoco imposible. ¿En qué nos superarán los robots? Los robots podrán probar miles de diseños de objetos y escoger entre los más adecuados, incluso elegir lemas publicitarios. Serán capaces de componer melodías musicales con nuevos sonidos. También serán unos buenos arquitectos y diseñadores creando la funcionalidad exacta que precisa un edificio. Al trabajar con estadísticas podrán saber lo que desea el consumidor y las posibilidades de que algo sea aceptado o rechazado.

Capítulo 9

INMORTALIDAD: EL DÍA DESPUÉS

«– Caballero: Juegas al ajedrez ¿verdad?
– Muerte: ¿Cómo lo sabes?
– Caballero: Lo he visto en cuadros y lo he oído en las baladas.
– Muerte: Sí, a decir verdad soy muy buena jugando al ajedrez.
– Caballero: Pero no eres mejor que yo».
De la película de Ingmar Berman *El séptimo sello*

«¿Para qué sirve la religión si en la hora de las calamidades no presta ningún socorro?»
H. G. Wells, *La guerra de los mundos*

«Algún día la ciencia y la tecnología podrán ser capaces de resucitar a los muertos y traer de vuelta a la vida a todas las personas que han existido.»
Nikolai Fedorov (Filósofo cristiano ortodoxo)

Un futuro que puede ser desesperanzador

Ciudades donde el paro alcanza cerca del 20%; casi abandonadas con una pérdida, en los últimos diez años, de un 25% de la población; donde la delincuencia es lo habitual, con 21,4 de crímenes por mil habitantes; más de 80.000 edificios abandonados y ruinosos en un área de 359 kilómetros cuadrados de urbe. Más de la mitad de los parques cerrados por falta de mantenimiento; el 40% del alumbrado no funciona, así como los servicios de suministro de agua y los servicios públicos; sólo un tercio de las ambulancias funcionando con unos hospitales copados por las urgencias; la policía tarda cerca de una hora en responder a una llamada. La población, un 83 % de afroamericanos se mueve por las calles con desconfianza los unos de los otros. Existen barrios donde las bandas siembran el temor y dominan sus calles. La población blanca se ha refugiado en el centro de la urbe donde abundan más policías y la seguridad, sólo parece, más próxima.

No estoy hablando de una perspectiva de futuro, esto ocurre hoy en la que fue la próspera ciudad del automóvil: Detroit, en Estados Unidos. Al margen de esa situación caótica la ciudad está en bancarrota, no puede pagar sus servicios ni a los funcionarios, tiene una deuda de 18.500 millones de dólares, y es incapaz de pagarla. No es la única ciudad de Estados Unidos que se hunde por el cambio tecnológico, también corre el mismo peligro Chicago y otras urbes. En Europa también hay ciudades con una enorme deuda que puede llevarlas a una bancarrota, como es el caso de Madrid en España, cuya comunidad tenía a principios de 2014 una deuda pública de 22.459 millones de euros, y Madrid ciudad una deuda pública de 7.411 millones de euros.

El futuro puede ser muy desesperanzador, la imparable era de la Singularidad con un dominio de las tecnologías causa recelos y temores.

Las perspectivas esgrimidas por los más temerosos plantean varias objeciones que quiero exponer aquí, objeciones que reconozco como preocupantes pero que no comparto, eso no quiere decir que no las tengamos que tener en cuenta y debamos de prever. Veamos esas objeciones brevemente:

1. Puede producirse una extinción de la humanidad a causa de las nuevas tecnologías.
2. Puede suceder que terminemos siendo víctimas de las máquinas o robots inteligentes, que nos esclavicen.
3. Se puede desatar una Tercera Guerra Mundial como predice Hugo de Garis, una guerra entre los partidarios de las nuevas tecnologías y la robótica y aquellos que ven en este progreso un retroceso humano o algo infernal.
4. También se puede producir un colapso económico a causa de las tecnologías, ya que robotización lleva a una sobreproducción de servicios y bienes. La población perdería sus puestos de trabajo que serían ocupados por los robots.
5. Puede que todos seamos víctimas del Gran Hermano de la I.A., sometidos a un control total. Los temerosos de esta situación se preguntarían: ¿de qué se nos protege y de quién? Todo puede comenzar con la obligatoriedad de que todos llevemos chips que sustituyan al D.N.I, para controlarnos.
6. La robotización creará alienación y pérdida de humanidad, especialmente por la fusión hombre-máquina.
7. Pueden producirse nuevas catástrofes ambientales a causa de los deshechos de la robotización. El exceso de robots, la creación de naturaleza artificial y especies artificiales, puede transformar el medio ambiente.
8. El almacenamiento de la información, la digitalización, en computadoras puede representar un peligro de pérdida de nuestra historia y conocimientos si se produjera una catástrofe magnética, del tipo de una explosión solar o cambio bipolar de la Tierra que borrase todos nuestros archivos.

Sin duda son argumentos posibles, pero la mayor parte de ellos dependerán de las precauciones éticas, morales y ambientales que vayamos tomando. Creo que algunos puntos son exageradamente pesimistas, aunque no me cabe duda que los problemas serán arduos y profundos. ¿Qué puede extinguirse la humanidad, como se alega en el punto primero? Eso es algo que puede pasar hoy mismo, una supernova explotando a pocos años luz de nosotros, un asteroide imparable que choca con la Tierra, la explosión de un megavolcán como Yellowstone, etc.

Referente al punto dos, una posible esclavización por las máquinas, es algo que no tiene que suceder si las creamos con instrucciones para servirnos, con unos algoritmos concretos. Respecto a desatarse un guerra entre los partidarios de las nuevas tecnologías y las viejas costumbres, me parece improbable, más bien habrá ruptura entre aquellos que accedan y defiendan la inmortalidad y los que crean que es un desafío a sus creencias divinas.

El colapso económico mencionado en el punto cuarto, ya lo tenemos hoy, las tecnologías han dejado sin trabajo a millones de personas. Creo que el sistema cambiará dentro de unos años y, como prevén los técnicos en prospectiva, se desarrollaran otras actividades próximas al arte, la cultura y el conocimiento.

El quinto punto es conflictivo, ya que cada vez estaremos más conectados con chips a las redes, y hay que evitar que esas conexiones no sean utilizadas para condicionar las mentes o abocarlas a tomar decisiones fuera de su libre albedrío. Será algo que habrá que vigilar y regularizar, un chip en el cerebro, cutáneo o intercutáneo, puede conectarnos, pero también puede significar, por ejemplo, que «alguien» nos envíe, en un momento concreto, instrucciones para votar a alguien que nosotros libremente nunca hubiéramos votado.

Sobre el sexto punto volvemos a la forma que carguemos la información de sus funciones en los robots del futuro. El sexto y el octavo están respondidos con el comentario realizado para el primer punto.

Fukuyama contra la idea más peligrosa del mundo

Es evidente que hemos llegado a una encrucijada en la que los cambios que van a producirse son espectaculares. Antes de entrar en «el día después de haber alcanzado la inmortalidad», un día en el que se empezarán a agudizar los problemas sociales, sepamos que ya existen terribles detractores de lo que para los tecnólogos y transhumanistas es progreso.

Algunos críticos con la corriente del transhumanismo, que trataremos en el próximo capítulo y que apoya las nuevas tecnologías y biotecnologías, temen las consecuencias socioeconómicas que las nuevas tecnologías que defienden los transhumanistas puedan tener en la sociedad.

Muchos especialistas creen que las tecnologías de perfeccionamiento humano estarían desproporcionadamente a disposición de aquellos con más recursos financieros, ampliando, por tanto, la brecha entre ricos y pobres y creando una «brecha genética».

Así Lee Silver, biólogo y divulgador científico que acuñó el término «reprogenética», se preocupa de que tales métodos puedan crear una sociedad profundamente dividida entre los que tienen acceso a tales tecnologías y los que no. Un problema que sólo podrían reformar los sistemas políticos, que lamentablemente continúan sin ir al paso del avance tecnológico. Silver tampoco acepta la tesis transhumanista de que la modificación genética sea un valor positivo.

El bioético James Hughes, en su libro *Citizen Cyborg: ¿Por qué las sociedades democráticas deben responder ante el hombre rediseñado del futuro?* considera que los progresistas, y en especial los tecnoprogresistas, deben formular y aplicar políticas públicas (tales como bonos de sanidad pública universal que cubran las tecnologías de perfeccionamiento humano) con el objetivo de atenuar la división causada por la disparidad en el acceso a las tecnologías emergentes.

El economista político y filósofo Francis Fukuyama se refiere al transhumanismo como «una de las ideas más peligrosas del mundo», y junto a varios autores cristianos mantienen la postura que intentar modificar la biología humana no sólo es intrínsecamente inmoral sino que supone una grave amenaza al orden social. Pues considera que esto podía llevar a la creación y esclavización de seres, como clones humanos o biorobots. Fukuyama propone una moratoria en determinadas investigaciones con el fin estudiar sus pros y contras.

No estoy de acuerdo con Fukuyama con sus principios éticos y morales que comportan razones con una gran carga religiosa, pero sí estoy de acuerdo en que se deben crear una reglas internacionales, que todos sabemos que en algunos países no se respetaran, razón por la que no considero la posibilidad de crear una moratoria indefinida o temporal sobre la ingeniería genética de los humanos.

Me sorprende de la ingenuidad de Fukuyama, no sabe que muchos de los laboratorios de Rusia, Japón, Corea del Norte o China no respetarían esa moratoria. Es que Fukuyama no advierte que estamos en una carrera imparable de investigación en la ingeniería genética y molecular. Podemos formular leyes para garantizar que laboratorios clandestinos de Occidente no trabajen en determinados experimentos, pero jamás podremos evitar que un laboratorio en el interior de China, en una isla tranquila de Japón, bajo las arenas de los desiertos israelíes o en la jungla de Brasil, cree un «golem» el día menos esperado.

Más peligroso sería un retorno a la discriminación genética apoyado por los estados, la esterilización de determinados grupos sociales, la segregación racial, el genocidio de aquellos con defectos fisiológicos y otros aspectos que ya se han realizado sin haber alcanzado el grado de humanismo que existe en las tecnologías actuales.

La guerra de las galaxias de Hugo de Garis

Es posible que una parte de la sociedad se sienta amenazada por el hecho de que la idea de la inmortalidad trasciende a sus creencias y principios morales. Es posible que los ayatolás lancen sus discípulos contra esos que vulneran la ley de Alá.

Ante el hecho de crear una sociedad de seres inmortales existen muchas preguntas que nos vienen a la cabeza: ¿Qué significa ser inmortal? ¿Cuáles son los cambios que podemos aceptar en la humanidad? ¿Es ético manipular la vida humana? ¿Quién establece quién puede ser inmortal?

Ser inmortal no significa vivir eternamente, siempre estaremos expuestos a accidentes o catástrofes. Por otra parte el Universo llegará un día a extinguirse. Ser inmortal significa acceder a una vida más larga, a un enriquecimiento de nuestros conocimientos y un aumento de sabiduría.

Hugo de Garis es físico teórico de la IA y doctor en Vida Artificial de la I.A. de la Universidad de Bruselas. Garis ha usado algoritmos genéticos para evolucionar redes neuronales y cree que es inevitable una gran guerra entre los partidarios y los detractores de las máquinas inteligentes. Una guerra en la que habrá millones de muertos. Destaca que la I.A. puede eliminar la raza humana y los humanos ser incapaces de detenerlos.

La «guerra de las galaxias» de Hugo de Garis, la ha denominado Guerra Artilect y basa su estallido en que cree que parte de la humanidad no aceptará ser ciborg o la inmortalidad. En su historia futurista destaca que existirán los «Cosmists» a favor de los «artilectos» en construcción, y los «Cyborgist» que quieren convertir en dioses a estos «artilecs». Es evidente que puede haber una guerra causada por la diferencia ideológica entre los que apoyan la tecnología que les ha llevado a la inmortalidad y los que consideren este avance como algo endemoniado. El mundo futuro es impredecible, pero es un mundo en el que el avance es imparable. Es muy posible que el poder, tal como lo entendemos a ahora, cambie. Cuatro multinacionales con una fórmula mágica o un elixir de la inmortalidad, pueden dominar el mundo. Una nueva ideología o una nueva forma de ver la realidad pueden movilizar a millones de personas. Como destaca Moisés Naím en *El fin del poder*, «es más fácil sumar a los jóvenes a una ONG para salvar mariposas que a un partido político».

El día que despertemos siendo inmortales

Un día despertaremos y se nos habrá anunciado que un cerebro humano se ha transferido a un avatar, o que un laboratorio ha descubierto una tecnología médica que nos impide envejecer y nos permite aspirar a la inmortalidad. Ese día el mundo se sorprenderá pero aún tardará en reaccionar a este acontecimiento. Lo que es indudable que los medios de comunicación harán difusión del hecho e, inmediatamente, se producirán los grandes debates por la radio, televisión e internet, sobre las consecuencias de este descubrimiento, sobre la idoneidad de su uso, sobre quién tendrá derecho a ser inmortal, sobre los principios éticos y morales.

Ese día nuestra idea sobre la vida y la muerte cambiará, nuestros principios establecidos en una sociedad mortal se tambalearán, nuestras creencias se verán sacudidas por dudosas turbulencias, ya nada será igual.

No creo que nada cambie en los primeros momentos, la civilización no reaccionará hasta que no empiece a concienciarse de que existen una serie de personas que tienen acceso a un nuevo estado inmortal y otros que continúan siendo mortales.

Pude que los inmortales terminen amurallándose en superciudades o cúpulas como nos narraba la futurística película *Zardoz*, interpretada por Sean Connery. Lugares donde los inmortales estén protegidos por sus ejércitos particulares o campos de energía infranqueables. Grandes centros accesibles solo a aquellos que se han permitido el privilegio de acceder a la inmortalidad. Una sociedad en la que regresarán las murallas que fueron separaciones del pasado, pero ahora convertidas en cúpulas inaccesibles. Murallas que siempre han existido y de las que «La Gran Muralla china» pudo ser la primera, pero a partir del muro de Berlín se ha vuelto a realizar murallas que separan los pueblos. Hoy tenemos la frontera entre Estados Unidos y México, la muralla que Israel ha erigido para impedir el acceso de los palestinos, la impenetrable frontera entre las dos Coreas, la trinchera entre Grecia y Turquía, las alambradas de Ceuta y Melilla, etc.

Nuestras ciudades ya tienen sus murallas particulares. Urbanizaciones de la jet protegidas por alambradas y controladas por agentes de seguridad, grandes edificios cuyo acceso está restringido a todo aquel que no trabaja en sus oficinas o vive en sus apartamentos, rascacielos de multinacionales que disponen en su azotea de una pista de aterrizaje para helicópteros.

Este puede ser uno de los lados negativo de la inmortalidad, pero tampoco tiene que ser así. Por esta razón debería realizarse un gran debate sobre este futuro inmediato, ante este acontecimiento y las consecuencias de la inmortalidad, es necesario preparar ese futuro para que no se convierta en un trauma para unos o un enfrentamientos entre todos.

Hay quienes creen que la inmortalidad es una utopía inalcanzable, otros temen que se materialice de forma inesperada y que sorprenda a toda la humanidad sin tener una estrategia preparada ante un acontecimiento que cambiará todos los aspectos esenciales de nuestra civilización. Una situación que, valga este símil, sea como internet que nadie lo esperaba y que transformó la sociedad radicalmente.

En los *think tanks* ya se trabaja adelantándose a los problemas que una nueva civilización de inmortales puede ocasionar. Se han creado numerosos escenarios hipotéticos no tan negativos como el de Hugo Garis. Crear una civilización de inmortales no es tan sencillo, por esta razón, grupos de expertos están trabajando en los problemas que dicha civilización puede ocasionar. Problemas éticos, morales, sociales, políticos estratégicos.

Expertos en prospectiva de todas las disciplinas realizan futuribles en los que se enfrentan con una sociedad de inmortales. Una nueva situación que no se había dado antes en la civilización. Un nuevo escenario que no sólo precisa la opinión de los técnicos y los científicos, sino de los psicólogos, sociólogos, filósofos e incluso se precisa la imaginación de los novelistas de ciencia-ficción.

Es evidente que al hablar de inmortalidad no parece que esta sea para siempre y que asegure a los que accedan a ella una vida eterna. Por un lado no sabemos si el Universo es eterno, por otro lado siempre los inmortales estarán sujetos a una muerte por accidente. Nadie garantiza que no les caerá encima un asteroide, que su nave espacial estallará calcinando a todos, que una bomba nuclear de un grupo terrorista no les alcanzará, que no estallará una supernova próxima a la Tierra, etc. El accidente es algo que irremediablemente no se puede prever y que da esa fragilidad de vida incluso a los inmortales. Como destacan muchos paleontólogos, es el azar lo que nos ha permitido llegar hasta donde ha llegado nuestra civilización. De mismo modo que es azar el tiempo que vivimos cada uno de nosotros, un tiempo que está sujeto a no estar en el lugar inadecuado en el momento inoportuno.

¿Cómo aceptarán los habitantes de la Tierra una realidad semejante? ¿Tendrán acceso a este nuevo adelanto científico sólo los más potentados de la Tierra? ¿Cómo se conseguirá? ¿Será un conjunto de fármacos o los avatares anunciados por *Initiative 2045*? ¿Puede desencadenar un conflicto mundial entre los países que tienen acceso y los que no tienen? ¿O surgirán dictadores que quieran conseguir la inmortalidad a toda costa? ¿Cómo reaccionarán los fanáticos integristas de las religiones? ¿Quién protegerá a los inmortales de fanáticos que intenten asesinarlos para pasar a la fama como «el hombre que mató a un inmortal»? Podríamos plantear cientos de preguntas desde las diferentes disciplinas de la ciencia, la filosofía, la psicología, la sociología y la teología. Algunos de estos interrogantes los voy respondiendo a lo largo de las páginas de este libro, otros deberán ser contestados por especialistas en las diferentes disciplinas que he mencionado.

Una realidad es evidente y es que el megaproyecto *Initiative 2045* podría haberse fraguado en secreto, sin embargo, se hizo público ¿Por qué? ¿Necesitaban más financiación sus creadores? ¿Fue un gesto de transparencia y ética? ¿Existe una parte que desconocemos? ¿Están más próximos a la inmortalidad de lo que se anuncia? ¿Es una forma de ir preparando a la población mundial? Hasta ahora este tipo de proyectos se realizaban en el más estricto secreto, en reuniones inaccesibles integradas por miembros de sociedades como el Club Bilderberg, la Trilateral o la Fundación Rockefeller. Reuniones de millonarios de avanzada edad que guardaban con secretismo las decisiones que tomaban. No cabe duda que el estilo ha cambiado, los miembros de *Initiative 2045*, son gente más joven, con una amplia formación científica y con un estilo diferente de hacer las cosas. Eso no quiere decir que no protejan en secreto sus tecnologías y la forma de operar con ellas. Pero recordemos que en su carta abierta al Secretario General de las Naciones Unidas ya mencionaron que el megaproyecto *Initiative 2045* ya estaba muy avanzado.

Estoy seguro que dentro de *Initiative 2045* habrá infiltrados que están espiando los progresos neurotecnólogicos que se están realizando. Gente pagada por Corea de Norte u otros países cuyos mandatarios quieren estar al corriente de los adelantos en este campo.

Dmitry Itskov ha presentado un plan mundial para beneficiar a toda la sociedad, un plan que según algunos expertos aísla un puñado de grandes grupos de personas. Se le critica por el enorme costo que requiere, y que este megaproyecto excluirá áreas de pobreza del mundo. Estos detractores de este megaproyecto esgrimen los problemas de pobreza que existen en muchas partes del mundo, destacando que se trata de lugares que ni siquiera pueden solventar las necesidades diarias de subsistencia, personas que nunca tendrán dinero para convertirse en avatares y que emplean el poco dinero que tienen en la búsqueda de alimentos y agua para sus familias.

Sin duda es un argumento contundente y terrible, pero si en la actualidad estamos consiguiendo dirimir parte del sufrimiento en el mundo ha sido gracias a las grandes inversiones que se han realizado en ciencia. Proyectos tan costosos como el LHC han permitido desarrollar en la medicina instrumentos como el TAC que han ayudado, incuestionablemente, para resolver muchas enfermedades. Avances científicos en todos los campos repercuten sobre la civilización, su bienestar, su salud, su longevidad. Si no alcanza a toda la humanidad la culpabilidad no se la debemos dar a los científicos, sino aquellos que nos gobiernan y aquellos que explotan con sus multinacionales a los más pobres. No es un problema del progreso de la investigación y la ciencia, es un problema político y, en algunos casos de creencias. La ciencia es la que nos ha permitido llegar hasta donde hemos llegado, la que nos ha librado de epidemias y dolorosas enfermedades, la que nos ha facilitados descubrimientos que nos permiten vivir en mejores condiciones y, en consecuencia, poder seguir adquiriendo conocimientos que, dicho sea de paso, nos han servido para dejar de ser salvajes depredadores y nos han educado para distinguir entre el bien y el mal.

Ventajas de la inmortalidad

Lo que cambia y está cambiando nuestra sociedad no son las decisiones de los políticos, por general inmovilistas con actuaciones populares destinadas a perpetuar su mandato. Lo que está cambiando la sociedad, los hábitos y el sistema de vida son los adelantos tecnológicos, los descubrimientos de lo que somos y dónde estamos, los nuevos conocimientos, la desmitificación de las creencias infantilizadas que nos condicionaban hasta ahora. Lamentablemente hay que admitir que la ciencia sigue un camino y la política otro. Al margen de algunas excepciones nunca hemos tenido políticos tan despreocupados por la incidencia de los descubrimientos científicos. La mayor parte de ellos están más preocupados por las luchas internas en sus partidos, por las luchas con otros partidos y por conseguir alcanzar cuotas de poder. Más que simplificar nuestra sociedad la burocratizan inútilmente.

Una vida más larga, indefinida, puede representar sustanciosas ventajas. Nuestro comportamiento cambiará y nuestra psicología también. Un cerebro que no está angustiado por un final irremediable e ineludible se permite dedicar sus pensamientos a proyectos a más largo alcance, a una nueva visión del mundo donde ya no impera el «que importa lo que hoy hagamos si mañana hemos de morir». Es indudable que nuestra psicología cambiará, así como nuestro comportamiento y nuestras acciones.

Sin entrar en la profundidad del tema, diría que hasta nuestra consciencia cambiará, algo que ya preconizan algunos expertos en este tema como veremos en el capítulo siguiente. La inmortalidad permitirá que nuestros cerebros sigan adquiriendo experiencia y almacenen nuevos conocimientos. Repercutirá en nuestra creatividad y nos permitirá gozar de los acontecimientos.

Podremos dedicar más tiempo al aprendizaje de nuevas ramas de la ciencia y vivir el apasionante mundo de los descubrimientos que se van generando. Por fin podremos leer todas aquellas obras literarias que no hemos tenido nunca tiempo de leer, y ver todas aquellas exposiciones, pinacotecas y museos en los que siempre nos hemos querido recrear con tiempo. No cabe duda que estos aspectos nos enriquecerán y harán cambiar nuestras estructuras mentales.

Para los seres inmortales el espacio será un nuevo hábitat cargado de conocimientos y aventuras. Igual que el proyecto One Mars, que recluta voluntarios para ir a Marte y no volver, la longevidad permitirá emprender este tipo de proyectos con otros astros de nuestro sistema solar. También alentará a los inmortales a realizar viajes más largos, a otras estrellas, en aventuras como en la clásica serie de *Star Trek*.

Muchos aspectos sociales cambiarán, se podría realizar una larga lista sorprendente de los cambios que la inmortalidad va a generar en nuestra civilización. Entre ellos estará nuestro cambio de creencias sociales, filosóficas y religiosas.

Respecto a las creencias religiosas el cambio será brutal. Si la generación más condicionada, la nacida en los años cuarenta y cincuenta del siglo pasado, tienen hoy un cincuenta o sesenta por ciento de personas que han dejado de creer en toda la parafernalia religiosa, ¿qué ocurrirá en el futuro ahora que tenemos generaciones que no sufren ningún condicionamiento? Pues que los creyentes se reducirán a menos de un diez por ciento. Sin embargo, creo que surgirán otras formas de creencias, espirituales, humanísticas, morales, panteístas, etc. Las religiones actuales deberán realizar un gran esfuerzo para adaptarse a esta nueva forma de ver la vida. En pocas palabras, muchas de ellas deberán de despojarse de infantilizadas creencias, dogmas rigurosos y tradiciones dudosas.

Estamos a punto de experimentar un cambio transcendental en nuestra civilización, un cambio de consecuencias impredecibles y de un alcance global. Ya nada será como antes y no nos sirve para nada refugiarnos en una isla perdida o esconder la cabeza como una avestruz, los cambios se van a producir igual, el progreso va a seguir adelante y lo único que podemos hacer es adaptarnos a él, aprovechar esta gran aventura, disfrutar de los conocimientos que vamos adquiriendo y ayudar a construir ese futuro con nuestras ideas.

¿Dónde está la consciencia?

Al abordar el tema de la consciencia tengo que realizar una apreciación inicial: debemos distinguir entre conciencia y consciencia. Podemos tener conocimiento que hemos realizado una mala acción e incluso arrepentimiento por haberla cometido, eso sería conciencia. Consciencia es darse cuenta que uno está existiendo en el aquí y ahora, que en el presente está realizando una actividad, darse cuenta que realiza esa actividad y está vivo.

Lo que nos llega por los sentidos es información, cuando nosotros elaboramos esa información estamos aplicando conocimiento, si al mismo tiempo nos damos cuenta que estamos ahí, en ese aquí y ahora, tenemos consciencia, y la velocidad con la que lleguemos a sacar algo provechoso de esa información recibida será inteligencia.

La consciencia es un tema que se ha valorado muy seriamente en el megaproyecto de *Initiative 2045*, es algo que se ha reforzado con la presencia del Dalai Lama y Roger Penrose. Pero, ¿dónde está la consciencia? Para algunos neurocientíficos no está ubicada en ningún lugar del cuerpo, sino que se trata de una particular disposición insensible, como pueden ser los sistemas nerviosos a determinado nivel de complejidad y de orden.

El tema de la consciencia ha estado presente en *Initiative 2045* desde los primeros momentos. Como he explicado, sus impulsores son ateo o agnósticos, pero eso no les impide ser grandes humanistas, tener su espiritualidad y creer en la consciencia como algo existente en el ser humano o en todo el universo. Una visión que vieron con buenos ojos los asistentes espirituales al Congreso de Nueva York, especialmente el Dalai Lama.

La consciencia no es el alma que pretende hacernos ver la religión cristiana. El alma es otra historia para justificar un más allá con la dualidad de almas buenas que se salvarán y almas malas que serán castigadas. Cualquier parecido con la consciencia cuántica es absurdo.

Tampoco podemos encasillar la consciencia fundamentándonos en irracionales ideas como las que exponía la teósofa Blavatsky con sus teorías sobre el espíritu. Tenemos que alejar la consciencia de la tradición oculta, esotérica o metafísica y de todos esos «maestros» que guardan su secreto celosamente de generación en generación, hasta que alguien descubre que ese importante secreto es sólo charlatanería cautivadora y proselitismo para captar más seguidores. Casi todas las sectas tienen un secreto máximo que sólo conoce el maestro supremo y sus más íntimos colaboradores, aquellos que han llegado a un nivel de enseñanza «espiritual» que han pagado con dinero material. Un secreto que resulta ser tan infantilizado como la palabra mágica «abracadabra».

El mundo tiene verdaderos investigadores y abundantes vendedores de alfombras, en algunos casos los segundos parecen tan respetables como los primeros, y ya sabemos, a la gente le gusta los misterios, les gusta ser partícipe de una tradición que guarda celosamente sus secretos arcanos… en resumen le gusta ser enredada y engañada. Créame, amigo lector, si le gustan los misterios, la ciencia le puede ofrecer millones de ellos, algunos tan fantásticos que le harán trepidar de emoción.

La consciencia opera en la frecuencia cuántica

Ray Kurzweil afirma con seguridad que la inteligencia artificial en un futuro no lejano, «dominará a la inteligencia humana». Comprenderemos el cerebro y construiremos máquinas que puedan al menos simular pensamiento original, eso significara que tendrán emociones y sentimientos. Pero Kurzweil también se pregunta qué entidad habrá alcanzado la consciencia, algo difícil ya que no dispondremos de «detector de consciencia».

Kurzweil reconoce la dificultad de definir la consciencia, pero no quiere hacer desaparecer el concepto, ya que sirve como base para nuestros sistemas morales y éticos, y cree que es necesario que se considere este aspecto en el proyecto *Initiative 2045*. Kurzweil mantiene que la ingeniería inversa del cerebro humano permitirá a las máquinas que pueden actuar con un nivel de complejidad, de la que de alguna manera surgirá la consciencia.

La consciencia y sus posibilidades parecen ofrecer hoy nuevas alternativas a la humanidad. Pero el problema sigue en definir correctamente la consciencia y ubicarla en un lugar. La mecánica cuántica es la que ha comenzado a intuir la consciencia, así lo manifiestan Rosenblum y Kuttner: «No hay manera de interpretar la teoría cuántica sin encontrarse con la consciencia». Una afirmación que la tenemos en el hecho que no podemos observar el mundo subatómico sin modificarlo, lo que se conoce como «colapso de función ondulatoria».

La mecánica cuántica ha encontrado la consciencia en lo que se conoce como «problema de la medida», donde hay aspectos de la observación física que se acercan a los de la experiencia consciente. En física cuántica siempre que una medición de un sistema físico tiene lugar, el sistema «salta» a uno de los muchos estados físicos posibles... el Universo se bifurca en los posibles universos que existen.

Lo que conocemos en mecánica cuántica como entrelazamiento es esa interconexión entre las partículas. Nosotros somos partículas por lo que esa interconexión existe entre nosotros y los más lejanos puntos de Universo. ¿Por qué no la apreciamos? ¿O tal vez lo aprecia nuestra consciencia y nosotros no somos, valga la redundancia, conscientes de ello?

Lynne Mctaggart se pregunta «¿Dónde está la consciencia, encerrada en nuestro cuerpo, o ahí fuera en un campo de fuerza?». Pero si el resto del mundo y nosotros estamos intrínsecamente interconectados, como explica la mecánica cuántica, deja de haber un «ahí fuera». Por otra parte, sigue reflexionando Mctaggart: «Si la consciencia opera a nivel de frecuencia cuántica, también residirá fuera del espacio y del tiempo, lo que significará que teóricamente tenemos acceso a información del pasado y del futuro».

Sin embargo la consciencia acarrea varios problemas: ¿Qué es concretamente? ¿En qué parte reside del cuerpo humano? ¿Es el inconsciente colectivo de toda la humanidad como aseguraba Huxley? Si trasplantamos nuestros cerebros a avatares ¿Cómo sabemos si la consciencia también ha sido transferida?

Tal vez el pensamiento consciente sea fundamentalmente no físico, como señalan las tradiciones antiguas de los Upanishad, en tal caso, ese pensamiento permanece más allá del alcance de las innovaciones tecnológicas. En Mundaka Upanishad podemos leer: «Por la energía de su consciencia, Brahman se hace masa; de esto nace la Materia y de la Materia la Vida, la Mente y los mundos».

Gary Lanchman, en *Una historia secreta de la consciencia*, reflexiona preguntándose si el cerebro es la base de la consciencia o la consciencia existe también el cerebro. ¿Es una fuerza que está encerrada en moléculas y neuronas?

Algoritmos y consciencia

Roger Penrose, uno de los mejores especialistas en el estudio de la consciencia, cree que la inteligencia no puede simularse mediante procesos algorítmicos, es decir mediante un ordenador. Sépase que un algoritmo es un conjunto de reglas, bien definidas, ordenadas y finitas que permiten realizar una actividad mediante pasos sucesivos. Un ordenador que controlase la seguridad de un laboratorio de bio-azar, tendría en caso de peligro de fuga de un virus contagioso, un algoritmo que daría la señal de alarma, precintaría las puertas de acceso al lugar de accidente, mandaría evacuar el edificio, dispararía gases o líquidos que neutralizasen el virus, etc. Sirva este sencillo ejemplo para entender lo que es un algoritmo.

Sigamos con Penrose quien cree que debe haber un ingrediente distinto, no algorítmico, en la forma de actuar la consciencia. Es indudable que a Penrose la consciencia es algo que le ha preocupado desde hace tiempo, un misterio que le ha llevado a estudiar el cerebro, el Universo, la mecánica cuántica y las teorías cosmológicas.

Penrose cree que la nueva teoría que unifique la física de lo muy grande con lo muy pequeño, tendrá mucho que decir sobre la consciencia. Mientras que la mecánica clásica no le parece el marco epistemológico adecuado para describir la fenomenología de la consciencia. Sólo la física cuántica abre nuevos horizontes para hallar la base de la física de la consciencia.

Roger Penrose, que también estudia el cerebro humano, encontró en las teorías de Stuart Hameroff –doctor anestesista y Director del Centro de Estudios de la Consciencia, en la Universidad de Arizona–, una posible ubicación de la consciencia.

Destacaremos de una forma abreviada que Hameroff sitúa la consciencia en los microtúbulos que forman un tipo de proteínas denominadas tubulinas, y que representan un doble estado conformacional según la disposición de los electrones. Cada conformación se corresponde a un estado cuántico, una superposición cuántica de dos estados. En este proceso se forma un estado de consciencia.

Así, la intuición matemática equivaldría a un estado más intenso de coherencia cuántica en los microtúbulos. Estos sucesos se producen en los microtúbulos y el citoesqueleto celular de las neuronas.

Un Universo con espacio, tiempo, masa, energía y consciencia

Para Roger Penrose este proceso le lleva a determinar que la consciencia actúa en las neuronas del cerebro. En el libro *Cerebro 2.0*, ya expliqué el gran misterio del nacimiento de un pensamiento o acción en nuestro cerebro. Destaqué, de una forma abreviada, que las neuronas se activaban por la descarga, en su núcleo, de un ion de calcio o potasio positivo, lo que originaba que una onda recorra la dendrita o axón hasta su botón final donde elige el neurotransmisor adecuado al pensamiento acción que se va a desarrollar: adrenalina para enfrentarse a un situación de peligro, dopamina para estar más concentrado o aumentar el sistema inmunológico, endorfina para aliviar un dolor, oxitocina para activar nuestra sexualidad, etc. El neurotransmisor correspondiente saltará a la neurona siguiente en forma química y eléctrica, así de neurona en neurona activando una red de una parte de nuestro cerebro. ¿Pero qué activa el potasio y el calcio? ¿Quién determina a su onda eléctrica que neurotransmisor entre 250 debe elegir? Nadie tiene respuesta a este misterio, soló la presencia de la consciencia da una respuesta satisfactoria, y determina que la mente está sujeta a una consciencia cuántica.

El problema que abordan los neurotecnólogos del proyecto *Initiative 2045*, reside en que cuando podamos transferir un cerebro humano con toda su memoria a un avatar, ¿qué sucederá con la consciencia? ¿También se transferirá o crearemos avatares sin consciencia? Los neurocirujanos o neurocientíficos que trabajan en el proyecto consideran muy seriamente este aspecto, y buscan soluciones para conocer más sobre la consciencia, buscarla y saber dónde se aloja. Algunos investigadores creen que no debemos preocuparnos por este tema, la consciencia es algo complejo superior a nuestro entendimiento, algo que está en nosotros y en todo el Universo, es una esencia difuminada, un punto omega y algo colectivo. Buscar una ubicación es inútil.

Los detractores de Penrose creen que no está en los microtúbulos, sino que actúa en ellos igual que puede actuar en otros lugares de nuestro organismo.

Christof Koch, neurocientífico y director del Instituto Allen para la Ciencia del Cerebro, plantea una teoría nueva sobre la aparición de la consciencia en nuestro cerebro. Koch se preguntaba: ¿Cómo surge la consciencia de la química y la electricidad de nuestro cerebro? Para Koch la consciencia surge del sistema de procesamiento de la información cuando este alcanza cierto grado de complejidad. Cree Koch que todos los seres, animales e incluso internet son conscientes, porque así funciona el Universo. Añade el neurocientífico que «la carga de un electrón no surge de las propiedades elementales. El electrón, simplemente, tiene carga. Así, vivimos en un Universo de espacio, tiempo, masa, energía y consciencia, elementos que surgen de los sistemas complejos».

En cualquier caso no cabe la destrucción de la consciencia, siempre pervive, no se puede destruir y acompaña a la información a la vez indestructible como explica Stephen Hawking y Stuart Clark en sus teorías sobre el horizonte de los agujeros negros.

Capítulo 10

UN UNIVERSO CON MILLONES DE POSIBILIDADES PARA SER INMORTALES

«Al final, de una manera u otra, se podrá lograr la inmortalidad humana eficaz. Y será la discontinuidad individual más grande de la historia humana. Pero me pregunto ¿qué hay al otro lado?.»
Stephen Wolfram

«Cuando se ha ido más allá de aquello que producía miedo, la inteligencia puede ponerse a trabajar.»
David Bohm

«Conozco un restaurante en la otra punta del Universo.»
De la película *Guía del autoestopista galáctico*

El misterio más grande jamás narrado: somos información

Lo que representa nuestro Universo, o los multiversos, está relacionado con nuestra existencia, lo que somos, nuestra consciencia y lo que será de nosotros una vez desaparezcamos de este mundo. Estamos ante el misterio por excelencia: el misterio más grande jamás narrado.

Un misterio que tiene que ver con la inmortalidad. Tal vez buscamos afanosamente la inmortalidad y la respuesta a la vida eterna y la tenemos ahí fuera, o en el microuniverso interior. En cualquier caso las inquietantes teorías de los cosmólogos, los físicos cuánticos y los físicos teóricos nos transportan a un Universo de millones de posibilidades sobre nuestro futuro y nuestra inmortalidad.

Destaca Alison Gopnik, profesor de psicología en la Universidad de Berkeley, que la información que recibimos y activa nuestras neuronas no es más que «un dibujo constituido por fotones infinitesimales que impactan en nuestro retina y una perturbación de aire que vibra en nuestros tímpanos». Esta vibración que comporta una información que hemos codificado es lo que nos hace razonar, nos empuja a buscar respuestas y nos sumerge en profundas inquietudes.

En este capítulo vamos a recorrer un complejo camino que se apoya en teorías cosmológicas para indagar sobre la muerte y la inmortalidad. Un camino especulativo, pero extraordinario, sorprendente e inquietante. El lector debe permanecer abierto, a las teorías que debato a continuación y que son fruto de las mentes más inteligentes y audaces de nuestra ciencia. Son científicos pero, a la vez, humanos que se preocupan por encontrar respuestas a nuestro irremediable final, y lo hacen recurriendo a la ciencia que ellos han estudiado, al Universo que han explorado. Para comprenderlos sólo se requiere estar abierto y dejar que nuestro cerebro asimile, un ejercicio de recepción y de una asociación con sus ideas, que al fin y al cabo, son parte del Universo que formamos... no son ellos los que reflexionan, es el Universo.

Buscamos desesperadamente respuestas, información sobre lo que somos, lo que significa este macrouniverso de esferas ardientes agrupadas en galaxias y ese microuniverso subatómico que acabamos de descubrir con nuestros grandes aceleradores de partículas. universos en los que tratamos de profundizar en sus secretos, recabar en su información. Wheeler, ya predijo que el Universo entero está dominado por la consciencia y la información.

El astrónomo Stuart Clark destaca que la cantidad de información que hay en el Universo es más importante que la cantidad de materia o energía y que los cerebros humanos son procesadores de información. Y Stephen Hawking afirma que la información sobrevive incluso en los agujeros negros. ¿No somos nosotros información? Creo que la respuesta es positiva, por tanto, si somos información, existiremos siempre.

Si nos basamos en la teoría de Stuart Clark, la información adquiere un rango más importante que la energía. Y se equipara a esta en su mismo principio, es decir, si la energía no se crea ni se destruye, la información tampoco se destruye, sobreviviría, como dice Hawkins, hasta en un agujero negro, el monstruo más devorador y destructor de nuestro Universo.

Nuestros cerebros son procesadores de información, cargan información, somos información, por tanto, bajo ese aspecto nuestra información existirá siempre... no morirá.

John Wheeler, Gerard t'Hooft y Leonard Susskind son los artífices de la teoría de la información. Algunos científicos afirman que es la información, y no la materia o energía, lo que constituye la unidad más básica de todo lo existente. La información vendría cifrada en bits minúsculos, a partir de los cuales emergería el cosmos. Así el Universo emerge a partir de la información, de datos que se encuentran codificados en superficies bidimensionales. Esta hipótesis destaca que la esencia del Universo es la información, y esta se almacena en bits que «viven» en la escala de Plank (unos 10^{-35}). Es decir, la esencia básica no es la energía sino, reitero, la información.

Si la energía ni se crea ni se destruye, tampoco la información se puede destruir. Esto da sin duda un carácter de inmortalidad a nuestros pensamientos, a nuestro cerebro que es información, ya que todas las partículas de nuestro cuerpo contienen información.

He mencionado antes la peculiaridad de que, ni siquiera un agujero negro es capaz de destruir la información, y eso es lo que Stephen Hawking cree, aunque Kip Thorne duda. Inicialmente pensaban que si la información era tragada por un agujero negro quedaba oculta para siempre, lo que daba lugar a numerosos interrogantes, ya que habría que redefinir que entendemos como «para siempre», si este término significa eternidad o sólo tiene validez mientras exista nuestro Universo entre otros multiversos. Stephen Hawking rectificó, y cree que la información permanece en nuestro Universo siempre. Thorne insiste en que esta se pierde. Hawking, con su habitual ironía, explicó que si uno se introduce en un agujero negro, su masa y energía será devuelta a nuestro Universo, pero en un estado destrozado que contiene la información sobre como éramos antes de ser fragmentado.

Susskind, premio Nobel, cree que la estructura de todo lo que conocemos se vendría abajo si se abriese el menor resquicio de pérdida de información. Así que la información, en un agujero negro, queda grabada sobre la superficie de su entorno, en su horizonte de sucesos o punto de no retorno. Queda en una superficie bidimensional.

Por otra parte existe un límite para la cantidad de información que puede almacenarse en una superficie dada, que corresponde a la división en casillas cuadrangulares, de dos longitudes de Plank de lado cada una, la cantidad de información que se puede codificar en la superficie está limitada por el número de casillas.

Craig Hogan, físico y director del Centro de Astrofísica de Partículas del Fermilab, interviene en este debate teórico afirmando que el Universo posee un «temblor» intrínseco permanente. Esto parece deberse a que el espacio está compuesto por bloques elementales o bits de información.

La teoría de la información nos ofrece un nuevo paradigma sobre el funcionamiento de la naturaleza, al que se une John Wheeler sugiriendo que la materia y radiación deberían verse como secundarias, como portadoras de algo más fundamental: la información. No cabe duda que la teoría de la información es prometedora e inquietante. Nosotros somos consecuencia de la información de nuestras cadenas de ADN, que almacenan información filogenética de toda la evolución, y progresamos gracias a la información que codifica nuestro cerebro cada día. La teoría de la información nos ofrece un Universo repleto de datos. En ese Universo estamos nosotros con nuestra información cerebral, nuestras ideas, nuestros descubrimientos, nuestras teorías.

Si la información no se destruye ni se pierde, ¿dónde va a parar toda nuestra información tras nuestra muerte? Destacaré que Fritz-Albert Popp apunta a la idea de que cuando morimos, nuestra frecuencia experimenta un «desprendimiento» de la materia de nuestras células. La muerte podría ser una simple cuestión de volver a casa o, con más precisión, de quedarse atrás: de retornar a un campo de energía.

El debate sobre la información aún está abierto, pero no deja de ser un tema apasionante que nos hace reflexionar sobre lo que somos, sobre la información que acumula nuestro cerebro y sobre su destino final.

La muerte, una ilusión creada por la consciencia

El doctor Robert Lanza de la Escuela de Medicina de la Universidad Wake Forest, en Carolina del Norte, afirma que la muerte es una ilusión creada por nuestra consciencia. Lanza asegura que existe vida tras la muerte y que su afirmación viene corroborada por la mecánica cuántica.

Para reafirmar sus afirmaciones Lanza destaca que «creemos que la vida es sólo la actividad del carbono y una mezcla de moléculas y que vivimos un tiempo y después nos pudrimos bajo tierra». En realidad asegura que creemos en la muerte porque nos han enseñado que morimos. Porque toda una civilización ha considerado que hay un final inevitable, un final que se compensa con la creencia en algunos mitos y leyendas religiosas.

Lanza ha denominado su teoría «biocentrismo» o «universo de la biocéntrica», una teoría donde explica que la biología y la vida originan la realidad y el Universo, y no a la inversa.

Para explicar este hecho de una forma sencilla que todos podamos entender, Lanza pone el ejemplo de nuestra percepción del mundo que nos rodea y destaca que percibimos el cielo azul porque desde pequeños nos han afirmado que ese color es el azul. Sin embargo, destaca que se pueden cambiar las células del cerebro para que las personas vean el cielo rojo o verde. En realidad un daltónico tiene otra percepción de los colores.

Para Lanza nuestra consciencia da sentido al mundo y puede ser alterada para cambiar nuestra interpretación de ese mundo. Así, desde el punto de vista de la biocéntrica, el espacio y el tiempo no se comportan de manera tan rígida ni tan rápida como nos presenta nuestra consciencia. Así, nos insta a aceptar que el espacio y el tiempo simplemente son «herramientas de nuestra mente», de este modo la muerte y la idea de la inmortalidad existen en un mundo sin límites espaciales ni lineales.

Los cosmólogos y los físicos cuánticos creen que existe una cantidad infinita de universos en los que diversas variaciones de seres y situaciones existen y suceden simultáneamente. Obsérvese que no hablamos de galaxias, sino de otros universos, considerando que el nuestro puede ser un Universo burbuja entre infinitos universos burbuja, o que existen otros universos paralelos que ni siquiera podemos imaginar.

Según Lanza todo lo que puede suceder acaece en algún momento en todos los multiversos, lo que significa que la muerte no puede existir «en un sentido real». Lanza cree que cuando morimos la vida se convierte en una flor perenne que vuelve a florecer en el multiverso. Destaca, finalmente, que el experimento de mecánica cuántica de la doble rendija, demuestra que la percepción humana participa en el comportamiento de la materia y la energía[3].

La interpretación de Lanza sugiere muchas preguntas: ¿En otros universos persistirán nuestros recuerdos? Si es así, ¿no cabría suponer que venimos de otro universo y deberíamos tener recuerdos de él? ¿Nuestro Universo es el primero por el que transitamos? ¿No cabe pensar en el hecho de que no hubo ni hay un principio y un fin en este baile de multiversos?

Las preguntas superan nuestra capacidad de respuesta en las especulaciones de Lanza, complejas pero aceptables. El Universo y la posibilidad de multiversos desborda nuestra imaginación y crea ejercicios de reflexión con todas las posibilidades, unos ejercicios que no deben considerarse como ciencia-ficción, sino como aceptación de la posibilidad de que lo más irracional cabe en infinitos multiversos.

¿Vivimos en una simulación informática?

Nuestras experiencias son filtradas y analizadas por nuestros cerebros, pero, ¿cómo podemos saber si son reales? ¿Cómo sabe, usted lector, que es real y que no es una ser virtual creado por un juego diseñado por otros seres superiores? ¿Cómo sabemos que no pertenecemos a una especie de *Matrix* y estamos conectados a una matriz? ¿Quién puede garantizarnos que no somos una simulación que utiliza *software* que imita la función del cerebro? Tal vez morimos porque en ese juego de los semidioses hay un cálculo de probabilidades que nos escoge, o porque se aburren de nosotros.

Hoy nuestros hijos juegan con seres que están programados en sus *play station*, pero mañana, ellos crearán esos seres con sus poderes y sus debilidades, sus conocimientos para resolver

---

3. El lector puede encontrar más información sobre este experimento en mi libro *Los gatos sueñan con física cuántica y los perros con espacios paralelos*.

situaciones complicadas y sus ignorancias. Si una impresora 3D puede crear un miniórgano artificial, ¿quién nos dice que mañana no podrá crear un minicerebro que incorporaremos a seres virtuales que se moverán en nuestras pantallas y cuya vida dependerá de un simple enchufe eléctrico? Ya sé, apreciado lector, estos escenarios le producen un gran escepticismo, y si los acepta termina por no creer en nada racional. Incluso la frase «Pienso, luego existo» no le resuelve sus dudas. Sé lo que piensa el lector, que la posibilidad de estar en una simulación de computador es demasiado inverosímil para prestarle atención. ¿No puede ser esta deducción una conclusión integrada en el programa de su cerebro para que no dediquemos tiempo a pensar si somos reales o virtuales?

Teológicamente hablando, en un escenario como ese, el ser supremo en que creen muchas personas, no sería nada más que un jugador de un superincreíble videojuego, un jugador que habría creado un universo simulado con unos algoritmos que determinarían la duración de nuestras vidas, nuestras posibilidades biológicas, y otros parámetros más.

Luego, al libre albedrío, nos habría dejado evolucionar y disfrutaría con el desarrollo de nuestra civilización, una más de las muchas que tendría en su ordenador y que seguiría con sus multipantallas.

No quiero ahogar a los lectores, por ahora, pero las teorías que abordo me hacen dudar a mí de mis propios conocimientos. La realidad es que para igualar la velocidad del cerebro sólo se necesita un centenar de supertcomputadoras y ya se acercarían a la potencia del procesamiento del cerebro humano. Algo que no tardaremos en superar.

Las máquinas nos superarán, pensarán solas y nosotros, si queremos preservar nuestra vieja biología, iremos transfiriendo nuestro contenido cerebral a avatares de silicio o grafeno en copias de seguridad de duración ilimitada. Es decir, replicar fielmente el cerebro de forma que el producto final pensase tal como lo hace el original. Es decir, el gran proyecto de *Initiative 2045*. Llegado a este nivel de simulación, y considerando que toda velocidad y potencia de computación actual será sobradamente superada por los ordenadores cuánticos[4], ¿quién nos garantiza que no estamos en un mundo simulado o con realidades paralelas tan reales para sus habitantes como este mundo es para nosotros?

¿Quién nos asegura que no estamos en un multiverso simulado?

Si nuestros descendientes serán capaces de crear mundos simulados por computador con seres autoconscientes, ¿qué nos garantiza que no estemos ya en uno de esos mundos? Destaca Brian Greene[5], doctor por la Universidad de Oxford y descubridor de la teoría de supercuerdas que «las probabilidades favorecen de forma aplastante la conclusión de que usted y yo y todos los demás estamos viviendo dentro de una simulación, quizá creada por historiadores futuros fascinados por cómo era la vida en la Tierra del siglo XXI».

¿Vivimos dentro de una simulación informática? Si nosotros algún día seremos capaces de crear seres racionales que habiten espacios simulados, ¿quién nos dice que nosotros no somos seres creados en una simulación? ¿No es posible que seres más avanzados tecnológicamente estén haciendo algo así en algún lugar del Universo?

Para Martin Rees, astrónomo, es posible que nosotros seamos una forma artificial de vida. Y según Paul Davis cabe la posibilidad de crear en el interior de ciertos ordenadores mundos virtuales y sus habitantes no ser conscientes de que son un producto simulado por una tecnología exterior.

Es la inmortalidad cuántica que especula Haus Moravec y el físico teórico Max Tegmark. Ambos sostienen que cada vez que el Universo o el mundo se enfrentan a una decisión en el nivel cuántico, sigue todos los caminos posibles. Se divide en múl-

---

4. Un computador cuántico no mayor que un portátil tendría la capacidad para ejecutar el equivalente a todo el pensamiento humano desde el origen de la humanidad hasta ahora en una fracción de segundo.

5 *La realidad oculta*, Crítica, 2011, Barcelona.

tiples universos. Así podemos vivir virtualmente eternamente. Permítame el lector que le ponga un pequeño ejemplo de esta teoría que también Allan Wolf ha explicado ampliamente al abordar los universos paralelos. Para Fred Alan Wolf el universo burbuja es un universo paralelo, universos que conviven al lado del nuestro y que ocupan de alguna forma fantasmal el mismo espacio que el nuestro. Tal vez la muerte signifique un tránsito a un nuevo universo.

Si la pluralidad de universos es infinita, cabe la posibilidad que alguno de ellos se repita, exista un ser semejante a usted que está leyendo este libro.

Ese doble puede seguir leyendo o, inconforme con el contenido de esa lectura, arroje el libro a la chimenea y se marche enfurecido. En ese momento se crea un nuevo camino posible, un lector que, en un universo sigue leyendo, y otro que crea un nuevo universo en el que se marcha a pasear. Así cada vez que nos enfrentamos a una decisión se sigue, como en el nivel cuántico, todos los caminos posibles.

Para Hans Moravec y Max Tegmark, en un multiverso de universos paralelos, sólo morimos en un universo, en otros seguimos viviendo. En cada bifurcación del multiverso existe una versión en la que seguimos viviendo.

Una cosmología inquietante

Igual que los descubrimientos biológicos de hoy se han convertido en una pesadilla por los moralistas y religiosos, los descubrimientos en los campos de la cosmología empiezan a inquietar a esos mismos moralistas y religiosos. Por ahora dentro de este sorprendente mundo del espacio que nos contiene, sólo se pueden recoger teorías, pero algunas capaces de hacer tintinar la mente humana.

Sólo presentaré uno breves bocetos, un resumen de lo que puede ser nuestro Universo y sus interacciones con el espacio y tiempo, así coma la existencia de otros universos, el lector que desee saber más le recomiendo que consulte mis libros *La ciencia de lo imposible; Los gatos sueñan con física cuántica* o

Los pájaros se orientan con física cuántica. Por otra parte centraremos las nuevas teorías cosmológicas en aquellas que tengan una relación con nuestra inmortalidad.

Por ahora la teoría del *big bang* sigue siendo la base del origen de nuestro Universo junto a la inflación y aceleración, que hicieron pasar el Universo de una partícula subatómica al diámetro de una pelota de béisbol en su proceso de inflación (de 10^{-35} a 10^{-10} segundos), para convertirlo en su proceso de aceleración en un Universo que ha alcanzado los 13.000 millones de años.

Ese Universo que contemplamos con millones de galaxias y trillones de estrellas sólo nos deja contemplar un 5% que es la materia ordinaria, el 95% restante es la energía (75%) y la materia oscura (20%).

Las nuevas teorías albergan la posibilidad de la existencia de otros universos, y que el nuestro sea solamente un Universo burbuja flotando junto a infinitos universos burbujas, llamada burbuja de Hubble. Stephen Hawking cree que existe un número infinito de universos autocontenidos e, incluso, postula la posibilidad de pasar de uno a otro.

Existe un buen número de teorías que predicen los multiversos: el modelo de inflación caótica de Alan Guth, con multiversos que ocupan regiones muy alejadas del espacio; el modelo crítico de Paul Steinhardt y Neil Turok, con multiversos que pueden existir en diferentes épocas; el modelo de David Deutsch, con multiversos que ocupan el mismo espacio que el nuestro pero en una rama diferente de función de onda cuántica; el modelo de Max Tegmark y Dennis Sciana, con multiversos que carecen de localización y están desconectados de nuestro espacio-tiempo.

El universo burbuja de Hubble, si la burbuja es idéntica a la nuestra, puede contener a alguien que en estos momentos está leyendo lo mismo que usted como hemos explicado anteriormente.

La idea de que pueden haber muchos universos con muchas copias de uno mismo es una idea impactante. Una idea que nos transporta a una inmortalidad cósmica que aún no somos capaces de desentrañar.

¿Existe una resurrección cuántica?

Nuestro Universo está en continua expansión lo que originará que un día los astros estarán sumamente alejados los unos de los otros, el frío terminará con toda posibilidad de vida. Los soles se irán consumiendo y el Universo será un lugar inmensamente oscuro y frío con planetas rocosos y moribundos. Las estrellas, las galaxias e incluso los agujeros negros se desvanecerán. Para Fred Adams y Stephen Hawking, el final del Universo depende de su forma geométrica y del comportamiento de la misteriosa energía oscura. Esta parece ser una realidad, un Universo en el que dentro de 100 billones de años morirá porque las galaxias se habrán quedado sin gas. Ya no existirá la materia prima para crear nuevas estrellas.

No es el único final posible. Puede producirse una expansión del Universo donde las estrellas enanas marrones sobrevivirán. También los restos de estrellas agotadas crearán enanas blancas, estrellas de neutrones y agujeros negros. Pero todos terminarán despareciendo debido a la desintegración de los protones.

Aun podemos describir otro final. Un final en el que la gravedad habrá convertido a las galaxias en agujeros negros supermasivos. Stephen Hawking piensa que, entonces, mediante un proceso de radiación energética, los agujeros negros terminarán disipando su masa y se evaporarán. Nuestro Universo se habrá convertido en un mar difuso de electrones.

Pero según la mecánica cuántica por muy vacío que éste el Universo, siempre existirán fluctuaciones aleatorias de campos energéticos residuales, es decir, partículas que brotarán con el tiempo y se convertirán en átomos, para más tarde ser moléculas. Como el futuro es infinito y con infinitas posibilidades, cualquier cosa puede emerger, incluso, nuevamente nosotros.

¿Somos un holograma?

Es una teoría extraordinaria, como las que hemos sugerido anteriormente, uno teoría sobre nuestro Universo en la que está implicada nuestra existencia. ¿Somos en realidad un holograma? Un pensamiento perturbador, que algunos científicos están tratando de averiguar. Saber si vivimos en el Universo tal como lo conocemos, o es otra cosa.

En 1997, la teoría de una holográfica del Universo fue desarrollada, por primera vez, por el físico Juan Maldacena. Maldacena desarrolló una teoría en la que la gravedad surge de cuerdas vibrantes que existen en nueve dimensiones del espacio y tiempo. Esta teoría de las cuerdas nos lleva a un Universo sin gravedad. Un Universo que se compara con el holograma debido a la forma que se crea un holograma, dado que es una imagen tridimensional codificada sobre una superficie de dos dimensiones.

La teoría sugiere que el Universo está construido de una manera similar a un holograma, la parte dimensional superior codificado en un plano y parte inferior dimensional. Así, en un holograma, sólo una parte es tangible. La imagen holográfica, sin embargo, sólo se ve en tres dimensiones. No se puede, por ejemplo tocar con los dedos. Maldacena pretende que sea la estructura del Universo.

Su teoría ha sido discutida desde hace tiempo. Ahora se implica en esa teoría a los agujeros negros, la gravedad y la teoría de cuerdas, así como la energía de un agujero negro, la posición de su horizonte de sucesos, y su entropía.

Otras investigaciones calculan la energía interna de un cosmos carente de gravedad. Los cálculos de estas investigaciones coinciden, y aunque no es una prueba definitiva, algunos científicos creen que es una evidencia convincente para pensar que nuestro Universo es un holograma.

Maldacena revisó estos cálculos y confirmó que parecen correctas, pero hizo notar que los dos modelos de Universo utilizados en los cálculos no se parecen a los nuestros. Sin embargo, los cálculos no demuestran que un Universo podría ser el resultado de los procesos que ocurren en una dimensión inferior, y por lo tanto nuestro Universo de hecho podría estar formado de esta manera.

Siguen las investigaciones en este campo para confirmar esta aterradora teoría o si el Universo ha sido en el pasado un holograma. Lo más posible es que nunca se averigüe, porque la pregunta que viene a continuación es saber lo que somos nosotros en el caso de que el Universo fuera un holograma.

Antes contemplábamos el Universo que nos rodeaba como un sinfín de estrellas y galaxias esparcidas en un inmenso espacio. Hoy que empezamos a conocer como se creó ese Universo también empezamos a elucubrar especulaciones de lo que es. Esas especulaciones repercuten en nuestra existencia, ya que, al fin y al cabo, somos parte de ese Universo. Hay, sin embargo, algo profundo que nos hace reflexionar y razonar, algo que para algunos científicos y pensadores es nuestra consciencia que, en el fondo, forma parte de la consciencia del Universo. Tal vez el Universo está esperando que alcancemos un grado superior de consciencia para que podemos contactar con la consciencia universal.

Capítulo 11

AÑO 2045. ADENTRÁNDOSE EN EL CORAZÓN DE LAS TINIEBLAS

«¿Qué otra cosa vislumbras en la oscura lejanía, allá en el abismo del tiempo?»
William Shakespeare, *La Tempestad*

«Hoy, antes del alba, subí a la colina, miré los cielos apretados de luminarias y le dije a mi espíritu: Cuando conozcamos todos estos mundos y el placer y la sabiduría de todas las cosas que contienen, ¿estaremos ya tranquilos y satisfechos? Y mi espíritu dijo: No, ganaremos esas alturas sólo para continuar adelante.»
Walt Whitman

¡Bienvenidos al futuro! Está usted en un mundo conectado

En solo diez años nuestro mundo ha cambiado radicalmente. Los ciudadanos pasean por cualquier calle de sus ciudades comunicándose a través de sus móviles con amigos que están a miles de kilómetros de distancia. En los transportes públicos vemos a sus usuarios utilizando sus pantallas de móviles, iPad o iPod para jugar, ver películas, leer libros, escuchar música o mantener contacto con otras personas. Realizamos las reservas de entradas para los espectáculos a través de nuestros móviles, pedimos a través de ellos hora con nuestro odontólogo o nuestro médico de cabecera. Podemos acceder a cualquier consulta médica sin problemas de historial, ya que este aparecerá en cualquier pantalla de cualquier centro médico del país. Programamos desde cualquier lugar la calefacción de nuestra casa para poder llegar y encontrarla a la temperatura adecuada. Compramos a través de la Red y vendemos. Leemos los diarios y conocemos las noticias que acaecen en el otro lado del mundo en segundos. Utilizamos tarjetas de crédito y tenemos cajeros automáticos abiertos a todas las horas del día.

Nunca los acontecimientos se han transmitido tan instantáneamente. El meteorito de Chelyabinsk caía a las 7,20 de la mañana, hora de Moscú, y en apenas unos minutos, un amigo me informaba de lo que estaba pasando en esa zona rusa. En pocos minutos más lo anunciaba en Facebook y escribía en mi blog sobre lo que estaba acaeciendo, y un periódico local me solicitaba permiso para reproducirlo. La Red fue la primera en alertar sobre lo sucedido, la primera en ofrecer imágenes conseguidas a través de los móviles, la Red fue más rápida que la radio y la televisión.

Internet nos ofrece la posibilidad de tener un amigo, que quizá nos veremos nunca, en las antípodas de donde vivimos. También podemos encontrar pareja sentimental con la ventaja que compartirá, con nosotros, las mismas aficiones y afinidades. Nuestros smartphones a través de la aplicación Foursquare, nos permiten indicar a nuestros amigos el lugar en que estamos y compartir las imágenes de lo que vemos, comemos o bebemos.

Nuestros portátiles son mil veces más potentes que los ordenadores que llevaban los astronautas del programa Apolo y les permitió pisar la Luna. Hoy los robots informatizados empiezan a ocupar puestos de trabajo, conducen trenes y metros, construyen moldes y componentes electrónicos, montan vehículos en grandes cadenas de producción, nos sirven y en algunos hospitales llegan a operarnos. Nuestros hijos nacen en el mundo de la informática, mientras los adultos nacimos con la radio, la televisión y los teléfonos alámbricos colgados en las paredes.

Derrick de Kerckhove, es profesor del Departamento francés de la Universidad de Toronto e investigador de la Universitat Oberta de Catalunya, y cree que los cambios que se están produciendo en internet son rápidos y nos llevan hacia una cultura global. Pero también advierte de la necesidad de un orden moral global. Kerckhove no duda sobre los cambios que se producirán por las nuevas tecnologías y destaca que los niños ya piensan en términos hipertextuales. Pueden ir de aquí allá sin seguir un orden lineal.

Para Derrick de Kerckhove estamos entrando en un mundo cuántico. El futuro será el hombre conectado, hasta ahora hemos sido digitales, pero seremos cuánticos. Lo más probable es la industrialización cuántica. Lo digital es lineal, son ceros y unos. Las funciones cuánticas tienen que ver con lo que entendemos como intuición femenina. En 2045 la interfaz será más exhaustiva, completa. El hombre conectado no necesitará llevar una tableta iPad o iPod, llevará un microchip incorporado en su cuerpo y unas gafas o lentillas especiales que sustituirán las pantallas. Cuando Kerckhove llegaba a estas conclusiones, posiblemente desconocía que ya se habían desarrollado los primeros ordenadores cuánticos.

Kerckhove se pregunta si existe un límite en la evolución de los ordenadores, ya que considera que el ser humano no tiene límite. Cree que internet es una extensión de la consciencia, y la capacidad de recuperar la información la tenemos en Wikipedia.

Finalmente destaca que el mensaje fundamental de la electricidad es conectar nuestro sistema nervioso con el entorno...algo que ya está sucediendo. Algo que en la Universidad de la Singularidad del MIT se está llevando a cabo.

Voy a intentar adentrarme en el futuro hasta el año 2045, era de la singularidad. El año en que, según *Initiative 2045*, se alcanzará la inmortalidad. Pero antes precisamos aclarar algo sobre las predicciones en una improvisada lección de prospectiva.

Una improvisada lección de prospectiva

Es muy difícil, por no decir imposible, realizar un análisis prospectivo a 31 años vista, especialmente en el tema científico. Yo diría que es casi imposible. En 1973 creamos en Barcelona –Antonio Ferrero (gerente de Paper Industries), Albert Xandrí (Periodista de *Teleexpres*), Tomás Santos (escritor), Carlos Buigas, Luis Miratvilles, Amadeo Serch, Alejandro Vignati, Manuel Calvo Hernando y yo–, un *think tank* de Prospectiva emulando a la Rand Corporation de Hermann Khan en Estados Unidos. Estudiamos todas las técnicas de prospección más eficaces e, incluso, convocamos el primer Simposium de Prospectiva al que acudieron numerosos expertos. Nuestras predicciones a corto plazo, extrapolando tendencias y cifras se aproximaron bastante a la realidad, porque aún vivíamos en un mundo en donde no habían surgido las tecnologías emergentes. A largo plazo, si acertabas algo era pura suerte, y esta circunstancia no nos ocurría solamente a nosotros, sino también a la Rand Corporatión que a más de diez años vista no acertó ninguna predicción.

Si hubiéramos deseado hacer una prospección a largo plazo, es decir, para explicar cómo serían 2013 o 2014, la actualidad, no habríamos acertado ningún acontecimiento. No habríamos intuido la aparición de internet, no habríamos considerado la caída del Muro de Berlín, ni el auge de países como Israel, China y Corea a potencias nucleares, no hubiéramos vislumbrado el SIDA, los magnicidios y los grandes atentados terroristas.

En prospectiva se considera que existen varios umbrales, algunos a corto plazo, entre los dos y los diez años, en que se puede especular sobre el futuro siempre y cuando no ocurra algún acontecimiento que lo transforme todo. Más allá de 50 años parece del todo inútil especular en detalles, especialmente en lo que respecta a la evolución científica. Casi no se puede hacer predicciones a más de cinco años vista.

Y si hablamos de 31 años, la verdad es que en ese lapsus de tiempo pueden suceder muchas cosas. Podemos especular en vehículos sin gasolina, es decir eléctricos o incluso con paneles solares de grafeno. Pero también puede suceder que dentro de cinco o seis años se descubra un elemento con suficiente energía que permita realizar vehículos voladores que transporten a las personas venciendo la ley de la gravedad y hagan innecesario los vehículos terrestres y los combustibles tradicionales. En realidad ya existen cuadricópteros de pequeño tamaño que incluso se han hecho volar con la mente humana[6], ¿quien pone en duda que no se podrán construir silla voladoras manejadas con la mente como en las aventuras de ciencia-ficción de los cómics de Diego Valor, sillas capaces de vencer la ley de la gravedad?

Siempre puede extrapolarse una predicción, pero está expuesta a que un descubrimiento nuevo la supere en el tiempo.

Las predicciones científicas son muy difíciles de datar en un tiempo exacto. *Initiative 2045* cree que en el año 2045 habremos alcanzado la inmortalidad, pero el progreso de investigación puede conseguirlo antes. ¿Quién no nos asegura que cualquier día un laboratorio descubra la forma de ampliar el tamaño de los telómeros sin que esto produzca tumores u otras contraindicaciones?

La técnica más sencilla para realizar un pronóstico o predisposición se basa en la prolongación en el tiempo de las tendencias actuales. Con este procedimiento se puede prever, con bastante

---

6 Hago mención de este artilugio manejado por la mente en la Universidad de Minnesota en mi libro *Cerebro 2.0*.

precisión, crecimientos de población, estragos de enfermedades, aumento de gases invernadero, subida del nivel del mar, producción de petróleo, agotamiento de minas, etc. Los modelos por ordenador constituyen en la actualidad la herramienta más efectiva para examinar historias alternas. Pero hasta en un proceso seguro, como puede ser el crecimiento de la población en 10 años, puede verse afectado por una epidemia que sesgue a media población, o un asteroide que caiga en el Océano Atlántico y cree un tsunami en Europa y América que acabe con millones de vidas.

Nuestro planeta está expuesto a docenas de catástrofes que pueden tener consecuencias desoladoras: la explosión del volcán de Yellowstone con efectos letales para todo el planeta, o la explosión en las islas Canarias de un volcán que produciría un tsunami de olas de más de 50 metros de altura en las costas de América. Las predicciones meteorológicas, como vemos aquellos que no somos expertos, son las más difíciles de acertar, incluso en plazos cortos y disponiendo de satélites, las borrascas pueden cambiar de dirección, estancarse o disiparse, ya que existen muchos factores que dan a esta ciencia una complejidad asombrosa. Si en temas de predicciones desea el lector hacer alguna apuesta, le aconsejo que apueste contra un meteorólogo, es con quien tiene más probabilidades de ganar.

Antes se creía que resultaba más fácil predecir el cambio tecnológico que el cambio social, ahora, con la experiencia de internet sabemos que ambos van unidos. internet fue un progreso tecnológico que no se preveía y que cambió totalmente los hábitos y costumbres de la sociedad.

Cualquier ejercicio prospectivo está sujeto a imprevistos que, en muchos casos, no podemos ni imaginar. Nos engañamos en muchas ocasiones creyendo que la sociedad sigue un proceso normal, en nuestro caso una curva exponencial, pero esa curva va dando bandazos y sorpresas. Podemos imaginar un mundo futuro como los recreados por Jules Verne, Wells o Orwell, pero sólo son escenarios posibles. Cualquier pequeño cambio produce un giro en los acontecimientos. Un francotirador abatiendo al presidente John F. Kennedy, y el programa de la NASA se vio afectado y retrasado por un nuevo presidente que no tenía tanto interés en estos temas; un atentado terrorista en las torres gemelas de Nueva York, y el mundo dejó de ser seguro y se desencadenaron conflictos armados; un accidente nuclear en Fukushima y las centrales nucleares, fuente de energía, fueron cuestionadas; la caída de Lehman Brothers, hasta el cuello de deuda basura, produjo la mayor quiebra de la historia, la más larga crisis monetaria en el mundo, la primera recesión planetaria.

Unas predicciones cronológicas con trampa

Voy a presentar un calendario de los acontecimientos que tendrán lugar los próximos años, hasta el 2045. Pero hago trampa, no es un análisis prospectivo, no es un estudio profundo de lo que sucederá, es sólo un calendario de previsiones basado en proyectos que ya están en marcha y que, como consecuencia, funcionarán en determinadas fechas previstas. No es prospectiva pero ayuda a especular cómo será el mundo de mañana y qué acontecimientos científicos viviremos en base a lo que se está proyectando y construyendo hoy.

2014

Es el año en que vivimos, y el que ofrece más posibilidades de realizar una prospección, también podemos realizar la lista de prospecciones más amplia.

- La cultura, los conocimientos y la información empiezan a valorarse como una necesidad para estar al día de las nuevas tecnologías y tendencias.
- Las bicicletas eléctricas serán la nueva moda.
- Final del Trial Darpa Robotics Challenge, en la República Democrática del Congo.
- Reunión CCW para establecer leyes sobre las armas letales y los posibles robots asesinos.
- La NASA hace volar la cápsula Orión.
- Virgin Galactic inaugura el turismo espacial con el primer viaje de la nave SpaceShipTwo.

- Llega a Marte la «Maven» de la NASA, nave que se pone en órbita del planeta rojo.
- Primera nave que aterrizará en un cometa. En septiembre la nave Rosetta de la NASA, llegará al cometa Churyumov.
- Las máquinas de 3D empiezan a funcionar en el mercado diseñando piezas y ortodoncias. Una 3D sólo cuesta 250 dólares.
- Programado el primer hígado impreso en 3D.
- Se lanza el módulo ruso MLM a la ISS.
- Será el año de los exoesqueletos, de los que habrá una demostración en el Mundial de Fútbol.
- También será el año de las pruebas de rayos láser capaces de derribar drones, misiles e incendiar barcos.
- Posiblemente se empezará a distribuir la nueva vacuna contra la tuberculosis.
- Se anunciarán los primeros descubrimientos sobre el cerebro humano y las investigaciones en curso.
- Este año será el año del grafeno, sus primeras aplicaciones, Europa despegará en la industria del grafeno.
- Según Eric Schmidt, director ejecutivo de Google aumentará la telefonía inteligente.
- Nuevos y espectaculares avances en genómica.

2015

- Los rusos envían su robot Robonaunt SAR-400/401, a la ISS.
- Primeros datos del Telescopio Gaia, lanzado en 2013.
- Se reinicia el funcionamiento de Large Hadron Collider (LHC).
- Empiezan a proliferar las pequeñas granjas en azoteas y terrazas.

2015/2020

- Entre 2015 y 2020 se produce un uso generalizado de los avatares androides controlados por el interfaz cerebro-ordenador (BIC). Es difícil predecir con exactitud el año, pero tendrá lugar entre 2015 y 2020.
- También Google presentará el coche con conducción autónoma. Puede que un primer modelo incompleto en el 2015 o 2016.

2016
- Word View Entreprise, inicia el turismo espacial a la estratósfera.
- Se lanza la nave OSIRIS-REX, para llegar al asteroide Bennu, recoger muestras y regresar a la Tierra el 2023.
- Enfermedades como el Alzhéimer y el parkinson serán solucionadas.
- Nissan y Mercedes Benz lanzarán el coche no tripulado.

2017
- Primeras pruebas del robot guerrero Talos.
- Lanzamiento de una sonda lunar china con vehículo de regreso.
- El reactor ITER, de fusión, produce su primer plasma.
- Vuelo de la capsula Orión alrededor de la Luna.

2018
- Lanzamiento del telescopio James Weeb, tras dos años de retrasos.
- Lanzamientos de satélites por la empresa S3.
- Mars One prevé el lanzamiento de naves a Marte para estas fechas, pero todo parece indicar que será más tarde.
- Lanzamiento del Exomars de la ESA, que excavará dos metros de profundidad en el suelo de Marte.
- La NASA captura un asteroide y lo trae cerca de la Tierra.

2019
- La NASA acerca un asteroide a un punto Langreo entre la Luna y Marte.

2020
- Conducción autónoma en autopistas sin intervención humana desarrollada por Mercedes, Volvo y Google.
- China empieza a construir su estación espacial.
- La nave SOAR de S3 inicia sus viajes de turismo espacial.
- Robots herederos del Curiosity recogen piedras en Marte.

2020/2025
- Entre 2020 y 2025 se conseguirá un soporte de vida autónoma para el cerebro humano vinculado a un robot.

2021
- Viaje de cuatro astronautas de la NASA a un asteroide.
- Viaje de la capsula Orión con tripulación a la Luna.

2022
- El reactor de fusión ITER está operativo.

2023
- Misión China a la Luna.
- Misión de Mars One para establecer una base en Marte.

2025
- Estados Unidos y Canadá superan a Oriente Próximo en la exportación de petróleo y gas.
- Fecha en la que, según Frank Marchies astrónomo del proyecto SETI, encontraremos vida en otros exoplanetas.

2030/2035
- Entre el 2030 y 2035 se desarrolla un modelo de ordenador del cerebro y la consciencia con el posterior desarrollo de los medios para transferir la consciencia individual sobre un robot artificial.
- Viaje a Marte de la NASA.

2032
- El robot de combate Tales entra en servicio.

2044
- Gerda Horneck, madre de la astrobiología, cree que en esa fecha los hombres pisarán Marte.

2045
- El año 2045 es según los promotores de *Initiative 2045*, la fecha en la que las mentes recibirán nuevos cuerpos con capacidad muy superior a los humanos actuales. Comenzará una nueva era para la humanidad en la que los progresos afectarán a todas las actividades humanas.

He hecho trampa, sólo me he basado en los calendarios de puesta a punto de determinados proyectos. Pero este calendario sin fantasías nos ofrece una imagen real de cómo será el futuro. Sobre estos hechos previstos podemos ir construyendo el futuro.

Una prospectiva a corto plazo

Como he explicado para realizar cualquier estudio futurológico hay que partir del presente y observar las tendencias del mundo actual que, nos dará, una idea de hacia dónde va el mundo en los dos o tres próximos años. Sin embargo, el presente actual está inmerso en un cambio de paradigma muy profundo. En Occidente el número de gente parada que ha perdido su trabajo se calcula por millones, y lo más grave es que ya no recuperarán sus empleos por varios motivos:

- Sus puestos de trabajo han sido sustituidos por nuevas tecnologías emergentes; máquinas, ordenadores y robots realizan el trabajo que antes hacían ellos (taquilleras, conductores de metros, soldadores, montadores, cargadores, cosechadoras automáticas, seleccionadoras, embaladoras, telefonistas, vigilantes, etc.), los seres humanos ya no recuperarán sus puestos de trabajo.
- A muchos este hecho anterior les ha cogido en edades de 40 o 45 años para adelante. Si existe una posibilidad de trabajar el puesto de trabajo es para los más jóvenes que están más formados.
- Muchas empresas han cerrado porque eran obsoletas en maquinaria y estructura, lo que encarecía los costes. Se han ido a otros países y empiezan de nuevo. Ya no abrirán más sus industrias en los lugares de origen.
- La mayoría de los trabajadores carecían de formación técnica, preparación y estudios, especialmente los que superaban los 40-45 años. Podían haberse reciclado pero fueron incapaces de entender las nuevas tecnologías y el sistema les ofreció un mundo de bienestar a cambio de hipotecarlos para el resto de su vida.

El mundo de los próximos años no necesita ni las viejas industrias ni los que trabajaban en ellas. Y aún veremos como muchos sectores desaparecerán. Las crisis será para unos una enfermedad incurable; para otros, los adscritos a las nuevas tecnologías, un futuro de brillantes posibilidades. Muchos de los parados intentan sobrevivir desesperadamente, se han dado cuenta de que nunca más volverán a sus lugares de trabajo y han empezado a buscarse la vida realizando actividades sumergidas y cobrando en dinero negro.

Antes de entrar el futuro veamos que otras industrias tienen posibilidades de desaparecer en Occidente. La industria del automóvil sufrirá una gran transformación y el vehículo tradicional parece que desaparecerá. Las pequeñas tiendas, bares y restaurantes también irán desapareciendo, los bares y restaurantes pervivirá solamente en los lugares turísticos y de ocio. Surgirán empresas nuevas de manufacturación, la mayoría de ellas utilizando tecnología 3D, lo que significa que los fabricantes de llaves, herramientas, cubiertos y pequeños recambios, ya no serán necesarios, las 3D lo harán todo, incluso artículos de bisutería. Las industrias de fabricación de materiales –metales, plásticos, etc. –, para las cargas de las bobinas de 3D tienen asegurado el futuro inmediato. Los mecánicos en odontologías, se exponen a que las piezas puedan ser construidas con máquinas 3D. Lo mismo pasará con los fabricantes de piezas ortopédicas. La tecnología 3D es transformadora a corto plazo.

Cada día surgen nuevas bebidas que sorprenden al consumidor en los locales nocturnos, este hecho aumentará a corto plazo con la complicidad de los laboratorios químicos-farmacéuticos.

Ahora cualquiera podrá realizar una fiesta en su domicilio con la presencia de la orquesta que le guste. Los sistemas de holograma, tridimensionales y de grandes pantallas, nos colocará el conjunto que nos apetezca en medio del salón, o en medio de la sala de baile de cualquier local. Claro, si usted lo quiere de carne y hueso, deberá pagar mucho más. Eso no quiere decir que todos los conjuntos poco conocidos vayan a desaparecer. Todo el mundo tratará de grabar sus actuaciones para alquilarlas, unos venderán y otros no.

A corto plazo se intuye la desaparición de muchas de las academias de idiomas. Google realizó una demostración de que un orador en inglés, era traducido en una gran pantalla tras él, a cualquier idioma del mundo. Pero aún hay más, nosotros podremos dirigirnos a un transeúnte con un idioma extranjero y, hablándole a nuestro smartphone, este ofrecerá una traducción automática al smartphone de nuestro interlocutor. Está previsto que para dentro de cinco o seis años, la escritura será sustituida por la voz. Y, a largo, plazo, llevaremos un chip incorporado que hará la traducción sin la necesidad de un smartphone.

Un presente en dolorosa transformación

Vivimos en una época sorprendente y alucinante, los descubrimientos en todos los campos se suceden a una velocidad de vértigo. Cada día, cuando conecto mi ordenador, me avisa en qué webs que tengo seleccionadas hay novedades científicas. Son nuevos descubrimientos en los campos de la astronomía, física, medicina, biología y tecnología. Cada día surgen nuevas especialidades: robótica, biotecnología, neurotecnología, bioingeniería, medicina regenerativa, nanotecnología, etc. Apenas existe tiempo de aplicar los descubrimientos de una nueva especialidad, porque otros hallazgos más idóneos o adecuados ya se han hecho público en la revistas especializadas o en la Red. El ritmo de creación médica y tecnológica es casi exponencial.

Nunca hemos tenido tantos científicos investigando en tantos laboratorios, institutos y universidades. Especialmente investigando en los campos más sorprendentes y en los temas más alucinantes. Algunos de los descubrimientos parecen extraídos de las novelas de ciencia-ficción. Pero está narrativa visionaria, incluso se queda anticuada y obsoleta ante las innovaciones que aparecen: capas de invisibilidad, robots como *Curiosity* circulando sobre la superficie de Marte y tomando muestras de su suelo y analizándolo, manipulación del ADN, etc.

Pongamos por ejemplo la robótica con los drones, el robot Asimov, el nuevo robot Talos, o los escarabajos ciborg con implantes electrónicos que permiten dirigir el vuelo por control remoto. Unos seres que serían el asombro del robot Robby de *Planeta prohibido;* María de *Metropolis,* el autómata de *La invención de*

Hugo, R2D2 y C3PO de *Star Wars,* los angustiados replicantes de *Blade Runner,* y los mismos Robocop y Terminator. Incluso un potente computador como Hall de *2001 una odisea del espacio,* estaría anticuado ante los complejos computadoras actuales.

Los actuales monstruos de la computación han emergido en base a las nuevas tecnologías. Aún recuerdo en la Plaza Urquinaona de Barcelona las oficinas de IBM, con su escaparate en el que los transeúntes se paraban fascinados para ver funcionar sus ordenadores, primero de fichas perforadas y luego de discos rebobinados. Incluso existía la profesión de perforadora de tarjetas. Hoy un ordenador portátil es más rápido y almacena más información que aquellas cajas metálicas de IBM, parecidas a viejos ficheros como los que utilizaba el detective Marlow en sus inolvidables películas filmadas blanco y negro.

Los elementos para realizar cálculos datan desde los orígenes de los primeros hábitats, posiblemente hace 30.000 años, cuando el hombre primitivo movía piedras sobre líneas dibujadas con polvo. Más tarde utilizó nudos en cuerdas, huesos perforados y cuerdas de cuentas. En Asia, antes de nuestra era apareció la primera computadora: el ábaco. Se trataba de un cuadro de madera con barras paralelas en las que se hacía correr bolas móviles. El rudimentario instrumento, abuelo de todas las computadoras, sumaba, restaba y multiplicaba. Este vasto instrumento se fue perfeccionando, y aparecieron máquinas manuales con cilindros que rodaban, como la caja de Leonardo Da Vinci en la película *El Código Da Vinci* que maneja Tom Hanks con sumo cuidado para no destruir lo que se guardaba en su interior. Más tarde vinieron las reglas deslizantes, y finalmente los ordenadores de tarjetas perforadas y máquinas de *turing.*

En cualquier caso, todas estas máquinas, realizaban pocas operaciones por segundo. Las computadoras de hoy realizan billones de cálculos por segundo.

Las profecías científicas de Raymond Kurzweil, se cumplen con más celeridad de lo previsto en lo que respecta a computación. Ya lo he dicho, ni el descontrolado Hall de *2001, una odisea del espacio,* de Arthur C. Clark, está a la altura de las computadoras de hoy en día. A finales de 2012 se anunciaba que la computadora más potente del mundo era Sequoia de IBM en el Laboratorio Nacional de Livermore, la Top One de las quinientas existentes en el mundo. Pues bien, en enero de 2013, ya había sido superada por Titán, del Laboratorio de Oak Ridge (ORNL) en Tennesse, que le ha arrebatado de una forma brutal el primer lugar.

Si Sequoia realizaba 16.320 billones de cálculos por segundo, Titán realiza 27.000 billones de cálculos por segundo. Si Sequoia tenía 16,21 petaflops, Titán tiene 17,59 y puede alcanzar los 27 petaflops.

Titán se ha convertido en la Top One de 2013 con un crecimiento espectacular, cabe destacar que Titán consume 9 megavatios de electricidad, lo equivalente a 9.000 hogares.

Más rápido que su sombra

Me consta que Titán ha sido superada por sofisticadas computadora cuántica, ya que es un secreto a voces que Lockheed Martin, la NASA y Google, disponen de ordenadores cuánticos en sistema D-wave fabricados por la Jet Propulsion. Veamos muy brevemente qué es un ordenador cuántico.

El físico cuántico Richard Feynman, rebelde ateo y seductor, apostó, hace años, por la necesidad de construir ordenadores cuánticos utilizando las extrañas leyes de la mecánica cuántica. Feynman sabía por experiencia que los cálculos que un ordenador convencional pueden realizar, por muy potente que sea la computadora, requerirá mucho tiempo. Sin embargo, una computadora cuántica podría realizarlos con mucha más rapidez.

Los ordenadores convencionales manejan ceros y unos, de forma que cualquier cifra puede ser expresada en ese sistema binario y combinando series de ceros y unos el ordenador calcula y produce sus resultados. El ordenador cuántico se sirve de qubits, que son cero y unos a la vez.

Las computadoras cuánticas se basan en que una partícula elemental, como un electrón, tiene dos estados que denominamos *spin up* y *spin down*, según la leyes cuánticas puede estar a la vez en *up* y *down*, es decir, en superposición. Si imaginamos el *spin up* como cero y el *spin down* como uno, también se tiene la superposición que es el *spin* parcialmente *up* y parcialmente *down*, algo así como parcialmente cero y parcialmente uno. Esto produce una potencia increíble en los ordenadores cuánticos.

La superposición de estado cuántico permite que un ordenador cuántico acceda a todas las combinaciones de qubits simultáneamente. Para darnos una idea de sus posibilidades de cálculo, un sistema con 1.000 qubits comprobaría $2^{1.000}$ soluciones potenciales en segundos, algo imposible en el más potente ordenador convencional de la actualidad.

Su funcionamiento permitirá realizar cálculos que requieren años en sólo segundos, se podrá estudiar complejas moléculas químicas que facilitarán el desarrollo de nuevos fármacos, otras posibilidades que no nos podemos imaginar.

En el año 2045 los ordenadores cuánticos serán algo normal, cualquier empresa dispondrá esta nueva tecnología cuántica. Con ello se alcanzará una rapidez increíble, serán, como el famoso personaje de los cómics del Oeste, Lucky Luke, famoso por su rapidez desenfundando el colt, más veloz que su sombra.

Si el presente reúne estas no exageradas características, ¿cómo será el futuro?

Indudablemente el futuro será increíble, terriblemente increíble y sólo apto para personas cualificadas. Será un mundo difícil de gobernar, un mundo con una vigilancia extrema ya que cualquier inconformista o marginado podrá fabricar un arma de destrucción masiva. Si hoy, una impresora 3D puede fabricar una pistola o una prótesis humana real, mañana habrá quién cree un explosivo o un terrible virus.

Top Secret: Lockheed, Nasa y Google tienen un ordenador cuántico

Ya he avanzado que Lockheed Martin, la NASA y Google disponen de ordenadores cuánticos. Se trata de ordenadores cuánticos superconductores que fueron diseñadas por los sistemas D-wave y fueron fabricados en los laboratorios de la NASA Jet Propulsion.

NASA y Google comparten un ordenador cuántico para su uso en el Laboratorio de Inteligencia Artificial Quantum usando un qubit 512 D-Wave Two, especializado en la investigación de aprendizaje automático para ayudar en el uso de redes neuronales artificiales, y para buscar a través de grandes conjuntos de datos astronómicos, por ejemplo, planetas extrasolares. También se utilizaría con el fin de aumentar la eficiencia de las búsquedas de internet mediante el uso de metaheurísticas AI.

Usando partículas entrelazadas como qubits, los algoritmos pueden navegar mucho más rápido que en los ordenadores convencionales, y, también, pueden utilizar muchas más variables.

El uso de metaheurística sofisticada puede hacer que las simulaciones por ordenador puedan seleccionar subrutinas específicas para resolver los problemas de una manera verdaderamente inteligente. De esta manera las máquinas serían mucho más adaptables a los cambios en los datos sensoriales y serían capaces de funcionar con mucho más automatización de lo que sería posible con los ordenadores normales.

Por otra parte, puede ser posible utilizar metaheurísticas para llevar a cabo la corrección de errores en el software usando redes neuronales mediante la comparación de la solución optimizada en un ordenador cuántico con el software de programación regular de un ordenador normal. Mediante el uso de metaheurísticas cuántica será posible llevar a cabo los problemas de optimización utilizando la inteligencia artificial en un ordenador cuántico y luego comparar con la arquitectura de línea de comandos en una pieza de software convencional en un ordenador clásico.

En el MIT, Erik Brynjolfsson y Andrew McAfee II, son dos técnicos en prospectiva que han estudiado las fuerzas que impulsan la reinvención de nuestra vida y nuestra economía. El impacto ilimitado de las nuevas tecnologías y los nuevos elementos culturales que enriquecen nuestras vidas.

Saben que el cambio es desgarrador, ya que profesiones de todas clases desaparecerán. También han pronosticado que muchas empresas se verán obligadas a transformarse o desaparecer.

Basándose en la experiencia de años de investigación y tendencias, Brynjolfsson y McAfee han tratado de identificar las mejores estrategias para la supervivencia y ofrecen un nuevo camino hacia la prosperidad.

Estas estrategias incluyen la modernización de la educación para que se prepare a la gente para la próxima economía y desarrollo industrial, ya que el paisaje se transformará radicalmente.

Los citados investigadores creen que la era de las máquina va a alterar nuestra forma de pensar acerca de los problemas del progreso tecnológico, social, y económica.

Escenarios hipotéticos y cibermundo feliz

A largo plazo lo único que podemos crear son escenarios hipotéticos extrapolando lo que ya existe y su futuro desarrollo. Esos escenarios hipotéticos nos sirven para anticiparse en el caso de que fuesen negativos. Es decir, podemos prever el inevitable auge de los robots, su mayor perfeccionamiento y libertad de acción y obligar a sus constructores a ciertas leyes que impidan que, esas máquinas, puedan realizar daño a los seres humanos.

Para el año 2040 se prevé la existencia de ordenadores conscientes, un tema que para muchos científicos es imposible. Así lo cree Penrose como ya hemos tratado en un capítulo anterior. Pero otros expertos en computación creen que no sólo serán conscientes sino que, además, tendrán sentimientos y serán capaces de reconocer los estados de ánimo de sus propietarios.

Creo que es otorgar unas cualidades a una máquina difíciles de creer, ya que sería como otorgarles una vida. Sin embargo, muchas teorías afirman que todo tiene vida, que los minerales tienen vida y prueba de ello son sus vibraciones, en el caso del cuarzo su vibración es de 32.768 veces por segundo. En el mundo subatómico parece que no existen diferencias, los minerales son moléculas y nosotros estamos formados por moléculas. Pero el tema de la consciencia, como hemos visto en el capítulo noveno es más complicado, especialmente si se lo otorgamos a una máquina. Para 2045 la tecnología controlará totalmente la vida de muchos ciudadanos, especialmente aquellos que estén conectados. Posiblemente en vez de llevar un D.N.I. de plástico con nuestra fotografía y datos, se instalará un chip con los principales datos del sujeto, incluida su fotografía. A partir de ese momento siempre se sabrá dónde está una persona. Esta falta de libertad será compensada con la ventaja que, a través del chip, podremos saber muchos más datos prácticos: una dirección, el tiempo meteorológico que habrá dentro de unas horas, el tráfico de una carretera, etc. Con seguridad muchas carreteras estarán dotadas de cables bajo tierra para permitir la conducción automática de los vehículos eléctricos *online*.

El nuevo paradigma de la física

En el campo de la investigación los laboratorios se habrán triplicado y se estará llevando a cabo descubrimientos semanales increíbles para los ciudadanos de hoy en día. internet dispondrá de web especializadas en informar sobre cualquier nuevo descubrimiento que también perseguirán con interés los medios informativos. El mundo del conocimiento se valorará más y los programas «basura» actuales dejarán de ser actualidad, sólo serán el reducto de unos pocos ciudadanos de escasa cultura.

Podremos avanzar en el campo de los robots y los avatares, pero si queremos transferir nuestros cerebros a un avatar no nos vamos a conformar sólo con una vida eterna. Esa vida tiene que compensarse y enriquecerse con nuevos conocimientos sobre nuestro origen, nuestra historia, el misterio del Universo y las nuevas teorías que surgirán. Incluso querremos viajar por el espacio en aventuras como las del *Entreprise* en busca de otras civilizaciones estelares, sus complejos mundos y su historia. La profesión de historiador de civilizaciones extraterrestres tendría su futuro.

Todos los físicos teóricos coinciden en que se avecinan grandes cambios en la física y que aún quedan muchas teorías para proponer. En los próximos años, sin adentrarnos mucho en el futuro, se van a generar muchos cambios en lo que hoy damos por cierto y básico en la física. La realidad es que todos los físicos teóricos prevén que surgirán teorías fundadas en conceptos radicalmente nuevos, y no serán pequeñas modificaciones de nuestras teorías actuales, sino cambios más importantes.

Los físicos teóricos ya están repensando todo lo que sabemos sobre nuestro Universo y las interacciones fundamentales, especialmente, en las cuatro fuerzas. Eso llevará a pensar en aspectos de nuestra física completamente diferentes a las teorías y principios existentes. Surgirán nuevas ideas.

Estamos hablando de un hecho que empezará a acaecer ahora y se desplegará por los próximos años. Tal vez la ideas y teorías de la física en el 2045 sean completamente diferentes a las actuales. Por ejemplo las nuevas interpretaciones del tiempo nos llevará a redefinir la relatividad general, haciéndola compatible con las interpretaciones cuánticas, ya que ahora es incapaz de integrar un tiempo relativo. Del mismo modo habrá de reconciliar lo infinitamente grande con lo infinitamente pequeño.

Otra de las teorías que ya se está poniendo en entredicho, por increíble que parezca, es la gravedad. ¿Es la gravedad una ilusión? Puede que se descubra que la gravedad es el resultado de un flujo de fenómenos moviéndose en los márgenes de la realidad.

La realidad es que iremos conociendo mejor lo que ya conocemos y se abrirán nuevas perspectivas. Los resultados del LHC (Large Hadron Collider) que para 2015 habrá doblado su potencia, y del nuevo acelerador de partículas lineal que posiblemente ya funcionará en 2045, puede aportarnos nuevas conclusiones sobre la existencia de universos paralelos. Los resultados de las colisiones que se están valorando y analizando en la actualidad ya apuntan a la existencia de universos paralelos. ¿Vivimos en una metauniverso, en el que nuestro Universo no es más que una minúscula burbuja? ¿Somos una burbuja más en un Universo de infinitas burbujas? La verdad es que muchos cosmólogos ya han contrastado, desde 1970, que sus ecuaciones hacían aparecer términos infinitos.

En el 2045 entre los grandes centros de investigación estará en marcha el ILC (Colisionador Lineal Internacional) de 35 kilómetros de largo instalado en Japón. Un acelerador de positrones y electrones, más potente que el LHC con el que se investigarán los secretos del mundo subatómico. Pero antes de que funcione este nuevo acelerador, cuyo futuro depende de su construcción que está en fase de proyecto adjudicado en terrenos del Japón, el actual LHC (Large Hadron Collider) habrá doblado su potencia en 2015, y esto significa que puede realizar nuevos descubrimientos y una era nueva en la física. Doblar la potencia del LHC le permitirá indagar en nuevas partículas y, tal vez, descubrir la partícula de la supersimetría que pondría al descubierto el misterio de la materia oscura. En 2020 el LHC volverá a detenerse para realizar nuevas ampliaciones, esta vez en su luminosidad, es decir en su capacidad de colisiones. Está previsto que a partir de 2020 multiplique por diez el número de colisiones de protones que efectúa en la actualidad.

En resumen, en 2045, cualquier acontecimiento científico o cultural que implique nuevos conocimientos estará sobradamente valorado y detallado por los medios de comunicación. Representarán progresos de los que la gente querrá estar informada para poder vivir en una sociedad cuyos descubrimientos significarán cambios casi inmediatos en el sistema. Si algo coinciden todos los análisis prospectivos sobre 2045 es que el conocimiento será el motor del sistema social.

Del dinero virtual al *bitcoin*, y la compra de un ternero en reales

Dicen los expertos que con toda seguridad el dinero, en 2045 será virtual. Los billetes y las monedas no serán aceptados ni por los mendigos.

Este es otro de los cambios que la tecnología de internet parece que irremediablemente nos impondrá: el pago virtual, las monedas virtuales. Hoy ya podemos abonar nuestras compras que realizamos en Amazon, Apple y Google. Pero ya tenemos nuevas innovaciones que nos confirman que el dinero en el futuro va ser invisible. Es el caso de PayPal Beacon que, incluso ha lanzado una tecnología que permite pagar en las tiendas con una vibración o sonido de confirmación, y que produce que en la pantalla del punto de venta se confirme la solvencia con la aparición de una foto del cliente en la pantalla. El futuro será la época en que no se precisará llevar dinero encima ni billeteras. Los pagos serán digitales *online*. En la actualidad hay cientos de millones de cuentas activas en todo el mundo y, el fenómeno, tiende a aumentar cada día.

Otro aspecto, relacionado con la moneda virtual, es la aparición de otros tipos de monedas virtuales como es el *bitcoin*. El *bitcoin* es un sistema monetario descentralizado, anónimo y, hasta ahora, seguro. Es una moneda independiente de los gobiernos y bancos, una moneda cifrada con protocolo de circulación P2P. Su creador Nakamoto, un individuo del que no se sabe si existe, produce una creación periódica de moneda hasta los 21 millones de *bitcoins*. El *bitcoin* no puede ser usado más de una vez.

Sorprendió que la Universidad Chipiotra de Nicosia aceptara, en 2013, el pago de matrículas en *bitcoins*. La realidad es que la circulación de *bitcoins* está libre de comisiones e intermediarios bancarios. Se trata de una moneda con un código criptográfico que los usuarios intercambian como pago. Cada usuario posee uno o varios monederos electrónicos con una clave para recibir pagos y otra clave para efectuarlos. Este sistema impide que nadie pueda utilizar la moneda personal o manipular su valor. En Vancouver se encuentran los primeros cajeros automáticos que cambian dólares de papel por moneda intangible. Hoy la capitalización del mercado de *bitcoins* es de 6.430 millones.

Los *bitcoins* son consecuencia de las posibilidades que ofrece internet. Sé que el lector no entenderá muy claramente el uso de los *bitcoins*, sinceramente a mí también me cuesta, pero están en el mercado y se compran o se venden en cotizaciones que han alcanzado los 500 dólares, pero por general oscila alrededor de los 260 euros.

Como era de suponer el *bitcoin* no ha sido la única moneda virtual que ha aparecido en la Red. La web coinmarketcap.com identifica más de 36 monedas criptográficas, entre ellas: *bitbar, freicoin, litecoin, cryptogenicbullion* y el *ripple*, esta última promete ser la competencia más novedosa al *bitcoin*, ya que ofrece la posibilidad de enviar dinero por todo el mundo. En cualquier caso aparecerán muchas más y será precisa una regulación y unas normas en sus transacciones. La utilización de la moneda virtual es algo que está ahí, que forma parte del futuro y que nuestros hijos utilizarán como nosotros utilizamos los euros en la actualidad. Para muchos de los que vivieron el cambio de la peseta al euro, esa transformación se convirtió en una auténtica pesadilla. Los que ya habíamos vivido en Francia el cambio del *Ancient Franc* al *Noveau Franc*, fue más sencillo, sólo era cuestión de cambiar de chip: olvidar el *Ancient Franc*. Ahora con el euro había que olvidarse de la peseta. Muchos, lamentablemente, aún van de compras haciendo el cambio de euros en antiguas pesetas, y por los pueblos perdidos de este país aún hay quien compra en reales o antiguos céntimos. Fui testigo de una venta de un ternero entre cuatro campesinos, y el que lo vendía explicaba a los otros tres: «Os ofrezco el ternero por 400 euros, lo que será para ti –le decía a uno de ellos– 66.400 pesetas, y para ti –le aclaraba al tercero– 275.600 reales».

Cuando el sistema conspira contra nosotros: *Minority Report*

Hoy, a través de internet, podemos acceder a toda clase de conocimientos e información, podemos realizar estudios de neurocirugía, mecánica cuántica, cosmología, etc. En el 2045 esos conocimientos se habrán quintuplicado en la Red, e incluso tendremos acceso a ellos directamente por minichips injertados en el cerebro. Hoy ya podemos consultar un reloj de pulsera unido a la Red para recabar información, en el 2045 esa conexión será directa al cerebro. En cualquier caso estaremos rodeados por máquinas con I.A. que serán capaces de responder a cualquier pregunta que les hagamos de una forma oral. Ya no precisaremos memorizar determinas informaciones porque estarán latentes en los chips que llevaremos, será toda una nueva concepción de la adquisición del conocimiento.

Cada generación mejorará las experiencias y se la ofrecerá a la siguiente, pero ya no será un proceso lento como en los últimos años, será un proceso exponencial, un salto de gran magnitud. Los Brain Map que estamos elaborando ahora y cuyos resultados prácticos sobre el conocimiento del cerebro no estarán hasta dentro de cuatro o cinco años, se verán superados por investigaciones posteriores a las actuales. El cerebro ya no será un órgano misterioso y desconocido, tal vez lleguemos a comunicarnos, con la ayuda de microchips, de una manera telepática los unos con los otros.

La película *Minority Report*, en la que Tom Cruise le anuncia al señor Marks: «Por orden de la División Precrimen del distrito de Columbia, le detengo por el futuro asesinato de Sarah Marks y Donald Dubin que iba acometer hoy...», no es tan fantasiosa como parece. Llegará un momento que será posible observar el interior del cerebro y ver lo que alguien piensa y siente, del mismo modo que será posible predecir si alguien tiene probabilidades de ser un asesino, un violador o un pederasta. Este hecho resolverá la incógnita de si un preso que queda libre se ha rehabilitado o no. Los psicólogos del futuro no realizarán test de criminalidad, someterán al paciente a una máquina que escaneará su cerebro. Tal vez no se rehabilitará a los presos y se procederá a borrar parte de su memoria. En la actualidad ya existe un «eliminador de recuerdos», se trata del conocido ZIP, un inhibidor de una enzima (catalizador biológico) cerebral llamado PKM zeta, capaz de eliminar los recuerdos.

Minority Report puede parecer una fantasía pero no lo será. El mundo en que se vivirá en 2045 será muy semejante, en algunos aspectos, a *Orwell 1984*, el Gran Hermano que vigilará por todos los lugares. El mundo de las cámaras de vigilancia y las microcámaras proliferarán por todos los lugares: calles, interior de edificios, autopistas, centros comerciales, etc. Hoy los autores de cerca de la mitad de los delitos que se cometen en ciudades, son identificados y detenidos gracias a alguna cámara ubicada en el lugar del delito o en las proximidades de este. En 2045 las cámaras de vigilancia ciudadana estarán en todos los lugares, el Gran Hermano tendrá una presencia inevitable.

Tal vez los avances sobre el cerebro no vendrán solamente de la neurotecnología, también debemos considerar la neuroquímica. Hoy ya disponemos de nootrópicos[7] capaces de activar todas nuestras neuronas, acceder a más memoria y evitar el cansancio cerebral. En el futuro estas píldoras serán más potentes y dirigidas directamente a puntos determinados del cerebro. Si creemos que los nootrópicos de hoy hacen milagros evitando la fatiga, aumentando la actividad neuronal y consolidando nues-

---

7. Si el lector está interesado por estos estimulantes neuronales puede encontrar un capítulo completo dedicado a este tema en mi libro *Cerebro 2.0*.

tra memoria, los nootrópicos del futuro nos pueden convertir en auténticos sabios.

Ciberguerra y Ciberespionaje

En 2045 la guerra ya no será la contienda «clásica» de hoy en día. Permítame el lector explicarle esta corta historia que es un hecho real de hace varios años.

Era a finales de un caluroso septiembre de 2010. La Unidad 8200 de las Fuerzas de Defensa de Israel, en la Base de Urim del desierto de Negev, esperaban con ansiedad y expectación los resultados de su ciberataque a las instalaciones de enriquecimiento de uranio de Irán.

En Irán amanecía en el fortificado complejo de Natanz destinado al enriquecimiento de uranio para el desarrollo de su programa de armas nucleares. Natanz está construido sobre diez áreas sumergidas a ocho metros de profundidad y protegidas por una coraza de 25 decímetros de cemento reforzado. En su entorno alambradas eléctricas, tropas de vigilancia de elite de la Guardia Revolucionaria, sensores y un anillo antiaéreo de misiles tierra-aire. Aquella impenetrabilidad no serviría para nada frente al troyano Stuxnet, un prototipo aterrador de virus cibernético que había viajado infectado en una memoria USB.

Los israelíes habían codificado el «gusano» en la referencia de un archivo con el nombre de «Myrtus» que en hebreo significa Esther. El Mossad[8] sabía que tarde o temprano se sabría que era responsable de ciberataque, por esta razón no ocultó mucho su autoría. Por otra parte, como dice Marcus Wolf, exjefe fallecido de la Stasi[9]: «Si hay algún servicio en el mundo para quien el fin justifica todos los medios, ese es, sin lugar a dudas, el Mossad».

Stuxnet, el más retorcido de los gusanos informáticos, afecta a equipos de Windows y fue descubierto por VirusBlockAda, empresa instalada en Bielorrusia. Stuxnet es reprogramable y sabe

---

8. Instituto de Inteligencia y Operaciones Especiales de Israel, una de sus agencias de inteligencia.

9. Ministerium für Staatssicherheit, órgano de Inteligencia de la antigua República Democrática Alemana.

ocultarse ladinamente en la red que ha infectado. Ocupa medio megabyte y se duplica a sí mismo.

Stuxnet saltó de la memoria USB a un ordenador de la Planta Natanz y desde este buscó un dispositivo mecánico, un simple controlador básico de los que utiliza la industria para automatizar el funcionamiento de válvulas. Una vez Stuxnet identificó su presa se coló en ella y se hizo con el mando de los controladores lógicos de las centrifugadoras del proyecto nuclear de Irán.

El terrible ciberataque penetró en el control de la Planta de Natanz, infectó todos sus ordenadores y dejó fuera de servicio más de 1.000 centrifugadoras de enriquecimiento de uranio. ¿Cómo lo hizo? Sencillamente las centrifugadoras giran a 1.240 kilómetros por hora, Stuxnet elevó la velocidad a los 1.600 kilómetros por hora, al mismo tiempo que enviaba señales a los sistemas de control indicando que el funcionamiento era correcto. Ya lo hemos dicho Stuxnet es aterrador, pero además es astuto, sutil y malicioso.

Saltó de Natanz a otros lugares del país y se diseminó terroríficamente. Alcanzó la central nuclear de Bushehr que los técnicos rusos ayudaban a construir desde 1998, y retrasó su puesta en marcha.

No era la primera vez en la historia de la humanidad que se producía un ciberataque. En 1999 Kosovo lanzó un ataque contra la OTAN y el portaviones norteamericano Nimitz; en 2003 China atacó Taiwan; en 2007 Estonia sufrió un ataque de Rusia, y en 2008 Georgia fue, también, atacada por Rusia.

Pero ahora Stuxnet marcaba una nueva era de los ciberataques, había contaminado el 60% de los ordenadores de Irán: 62.867. Había atacado sistemas de control de Siemens, retrasado la puesta en marcha de una central nuclear y creado graves daños en la red informática militar de Irán; había desencadenado una guerra de formato y características excepcionales: Stuxnet había iniciado la era de la ciberguerra. Si este hecho se produjo en un pasado reciente, podemos imaginar la amenaza de ciberguerras que, con un virus, serán capaces de paralizar a un país entero.

Me decía un amigo ingeniero que para paralizar una ciudad como Barcelona sólo era necesario dinamitar tres torres de la

MAT (Muy Alta Tensión), eso dejaría en tinieblas a toda la ciudad, la falta de suministro eléctrico afectaría a todos los ordenadores, y en consecuencia a la distribución de agua y gas. Otro amigo ingeniero de sistemas, me explicaba que era más fácil y económico introducir un virus en la Red, no necesitabas arriesgar a nadie colocando cargas explosivas. Y me advertía de los lugares en los que se puede «pinchar» este tipo de virus destructor.

En el futuro el control de la Red, contra la amenaza global, correrá a cargo de los Centros de Excelencia para la Ciberdefensa y la lucha contra el ciberterrorismo. El robo de información por parte de *hackers* será la preocupación menor, frente a las consecuencias de un ataque a gran escala por internet a las redes que garantizan la vida económica y las infraestructuras y cuyas consecuencias se convertirían en explosiones de gas, choques de trenes y aviones, etc.

El conocimiento: no memorizaremos, descargaremos

Todos los pronósticos y tendencias apuntan a que, en los países avanzados, la cultura y el conocimiento tendrá un auge espectacular. Será una «industria» en desarrollo. Posiblemente esto se deberá a que los ciudadanos, debido a las ventajas de las tecnologías, dispondrán de más tiempo.

Vamos a vivir un mundo en el que la innovación será un hecho presente y vertiginoso. Los ciudadanos asumirán las tendencias cada vez con mayor rapidez, porque estar al día será una de las cualidades que se valorarán en las personas. Los ciudadanos hablarán de las nuevas tecnologías, de la medicina emergente, de la educación y de los nuevos descubrimientos científicos que serán espectaculares. Las publicaciones que asuman estas tendencias, digitales o en papel, serán las que triunfarán. Los acontecimientos científicos y culturales se divulgarán, cada vez, con mayor rapidez. Si las editoriales quieren competir con el formato digital, deberán imprimir la actualidad cada vez a mayor rapidez.

Pero llegará un momento que lo virtual superará a cualquier publicación en papel. Las nuevas tecnologías permitirán insertar directamente en el cerebro más conocimientos. No será necesario memorizar, descargaremos. Los mundos virtuales nos permitirán caminar por el desierto del Sahara y contemplar las pinturas de Tassili du Hoggar, sin movernos del salón de casa. Incluso nos podrán recrear en las condiciones climatológicas del lugar que visitamos, con sus olores y sonidos habituales. Caminaremos virtualmente por el interior de cuevas prehistóricas, castillos medievales, selvas tropicales o desiertos de arena.

Es indudable que la sociedad de 2045 tendrá muchos más conocimientos que la sociedad actual. Y cuando digo muchos más me refiero a muchos conocimientos que nosotros, hoy, ni siquiera intuimos. Las tecnologías emergentes habrán creado cientos de nuevas especialidades.

Se participará en conferencias de una forma virtual, la videoconferencia será un método para la comunicación personal en nuestros portátiles o en los domicilios. Las reuniones importantes o la participación en conferencias se efectuarán en forma de holograma. Podremos estar sentados en un salón de conferencias y tener al lado el holograma de otros participantes que, a la vez, está escuchando las explicaciones del holograma del orador. Este sistema de comunicación y participación se conseguirá ante del 2045, posiblemente entre el 2025 y 2030.

Lo he destacado unas líneas más arriba, pero tendrá especial importancia cambiando nuestra realidad cultural el poder ver desde el salón de nuestra casa los angostos laberintos de Petra y las pinturas neolíticas de Tassili desplazándonos entre sus gargantas de piedra basáltica. Ir a los museos y recrearnos con sus obras de arte que se presentarán en 3D, acompañadas de toda la información de su historia. La cultura podrá llegar a casa de todos. Incluso podremos dirigir el despegue de aviones desde la torre de mando de cualquier portaviones, sumergirnos en los fondos oceánicos, volar en un reactor y aprender a manejarlo desde un sillón de casa.

Los deportes serán desafíos espaciales. Carreras de naves alrededor de la Tierra, con objetivos para alcanzar, algo tan popular como son hoy las competiciones de Fórmula uno. En la Luna y Marte habrá nuevos desafíos de alpinismo que batir, aunque en el 2045 será demasiado pronto para estas prácticas. Surgirán nuevas actividades deportivas que aprovecharán la ingravidez. Saltos a gran altura o récords de recorridos aéreos en parapentes. La imaginación para el deporte de riesgo no tendrá límites. Los nuevos fármacos de resistencia humana serán un aliciente para estos desafíos.

La encrucijada evolutiva

¿Adónde nos llevará la medicina y la biología? ¿Seremos seres sintéticos, ciborgs, nos regeneraremos continuamente, biotecnológicos, evolucionaremos a base de comprimidos que nos harán más inteligentes, o seremos avatares? ¡He ahí la gran encrucijada del ser humano!

Es difícil hacer una predicción ya que cada uno de estos tipos de seres puede surgir según unas condiciones determinadas. Una predicción fácil sería decir que habrá de todo, y no es una idea descabellada, ya que nuestra entidad final dependerá del país en el que estemos y de la tecnología que haya desarrollado.

En medicina existirán sensores a distancia que monitorizarán las funciones corporales –niveles de oxígeno, azúcar en la sangre, colesterol, etc.– y suministrarán datos a los centros clínicos y al mismo portador para auto-suministrarse, por ejemplo, insulina como ya lo hacen los enfermos de la actualidad.

En el 2045 se habrán curado muchos tipos de cáncer, así como el Alzheimer y el Parkinson, estas dos últimas enfermedades degenerativas del cerebro ya se habrán solucionado en el 2020, así como otras enfermedades mentales. La medicina regenerativa y la nanomedicina serán técnicas habituales.

Para el 2050 el sesenta por ciento de los distintos tipos de cáncer estarán asociados a enfermedades infecciosas, como virus, bacterias, parásitos y hongos. Por lo que su tratamiento se basará en algunos tipos de antibióticos y fármacos contra las infecciones. La cirugía será lo menos invasiva posible, un tumor no necesitará abrir un cuerpo humano y extraerlo, un simple nanobot de grafeno dirigido hacía él será suficiente, ya que el nanobot lo envolverá neutralizándolo. Los médicos sabrán las enfermedades que un individuo tendrá a lo largo de su vida. Los test genéticos, como los que practican determinadas empresas americanas, por ejemplo 23andMe, facilitarán información sobre más de 250 mutaciones ligadas a patologías, del mismo modo que advertirán sobre la propensión de desarrollar enfermedades como el cáncer, la diabetes, problemas coronarios o alcoholismo. Estos test también advertirán de la tolerancia a determinados fármacos. Posiblemente, sabiendo los costes que representa para las naciones curar o atender pacientes de determinadas enfermedades, estos tipos de test serán obligatorios, ya que es más rentable prevenir que curar. Las técnicas de la medicina preventiva estarán en auge, incluso roturas de huesos o musculares.

Los ordenadores le facilitarán estos historiales con el genoma de cada individuo. También se podrá invertir el envejecimiento de las células del interior del cuerpo, por lo que los ciudadanos serán jóvenes hasta el momento de su muerte. La paternidad se permitirá con rigurosos controles que evitarán las posibles enfermedades del futuro ser a causa de problemas hereditarios.

En el 2045, en los países desarrollados habrá un mayor control sanitario preventivo. Todo ello suponiendo que el sistema social continué como ahora y no se haya convertido como en algunos escenarios de los que hemos hablado en el capítulo octavo.

Grafeno en el espacio, el nuevo oro de «California»

En cuanto a la conquista del espacio es más fácil realizar predicciones para el 2045, ya que los programas espaciales precisan desarrollos a más largo tiempo, y se sabe cuáles son los proyectos actuales. Por tanto solamente es cuestión de extrapolar.

Se puede prever que el turismo espacial será algo normal. Habrán empresas de turismo que ofrecerán volar en sus naves alrededor de la Tierra a alturas estratosféricas, incluso existirán hoteles espaciales en los que se podrá pasar unas semanas disfrutando de un panorama fantástico. Es posible que existan colonias lunares y marcianas, casi probables, pero no para turistas. Lo que casi se puede asegurar es que China habrá llegado a la Luna y tendrá allí una base permanente, ya que todo su programa espacial actual y presupuesto está enfocado en ese objetivo.

La minería espacial será una realidad, si consideramos los proyectos ya en marcha por muchas empresas actuales. Ya se habrán captado asteroides, aproximados a la Tierra y estarán siendo explotados para extraer su contenido en grafeno y otros minerales. Especialmente el grafeno será un objetivo preferente, ya que la mayor parte del desarrollo en la Tierra dependerá de este mineral de carbono. Por otra parte es posible que, gracias al grafeno, se hayan solucionado muchos problemas de energía. Por otra parte las naves espaciales precisarán una capa de grafeno para proteger a los astronautas de la radiación espacial. También, recordemos que el grafeno tiene esa capacidad de auto-reparación, por lo que se convertirá en un excelente material protector contra los micrometeoritos que puedan impactar en las naves del futuro.

En el 2045 el telescopio James Weeb, lanzado en 2018 será un reliquia y ya existirán nuevos telescopios fabricados de grafeno y con una potencia óptica inimaginable. Desde el 2019 la NASA, también, estará acercando asteroides a un punto Langreo entre la Luna y Marte de que los mineros del espacio estarán extrayendo minerales. Posiblemente, junto a otras empresas privadas, la NASA habrá llegado, ya en el año 2030, a Marte. Y desde el 2020 China dispondrá de su propia estación espacial.

Bases lunares, marcianas, minería espacial, turismo espacial, etc., serán realidades en 2045. Sus promotores ya existen hoy en día, empresas como Planetary Resources, socia de Virgin Galactic con su cohete LauncherOne, dispuesta a alcanzar el cinturón de asteroides y traer los minerales más ricos cerca de la Tierra para explotarlos.

Deep Space Industries y Space X con sus vehículos FireFly y DragonFly. La empresa Fundation Inspiartion Mars, obsesionada en enviar una misión tripulada a Marte.

Y Organitation Mars One, que asegura que tendrá una base en Marte en 2023. Orbital Sciences Corporation con su cohete Antares. Y Word View Enterprise que en 2016 empezará a colocar turistas a 30 kilómetros de altura, donde podrán disfrutar varias horas viendo el panorama y deleitarse en un cómodo módulo con sus bebidas preferidas. En el 2045 habrán extendido estas visitas a la Luna.

Como las caravanas del antiguo oeste que atravesaban todo el continente americano de la costa este al oeste en busca del oro de California, las empresas se lanzarán a la conquista de los asteroides en busca de minerales. No se encontrará con tribus que asaltarán sus naves, ni con estampidas de cientos de miles de búfalos, ni con forajidos que les robarán. Pero la profundidad del espacio les aguardará con otros peligros impensables. Micrometeoritos, llamaradas solares, alteraciones de campos magnéticos, molestias por la ingravidez, síndromes de vació interestelar, el peligro de la atmósfera cero y otros aspectos inimaginables serán el comienzo de una nueva pesadilla en un espacio que no estaba planeado para la constitución humana.

Ellos, los no humanos de los exoplanetas

En el 2045 habremos descubierto millones de exoplanetas, algunos con clorofila, lo que nos confirmará alguna clase de vida, y la posibilidad de enviar algún tipo de señal.

Los satélites con biomarcadores capaces de detectar las emisiones de gases o la presencia de clorofila de estos planetas, pueden dar pistas sobre el momento evolutivo del astro, diferentes épocas de vida, incluso de civilizaciones. El lector encontrará más información sobre este aspecto en mi libro *La ciencia de lo imposible. Más allá de Michio Kaku*.

Puede que hayamos descubierto algún tipo de vida, una posibilidad en la que ya venimos preparándonos desde hace años, con programas como SETI o reuniones temáticas como las que se han celebrado en la Royal Society británica en Londres. Si esta vida es inteligente cambiará de forma radical la percepción personal de cada uno de nosotros y la de nuestro lugar en el Universo. Si cierta forma de vida contacta con nosotros significará un nuevo giro en toda la humanidad, ya que debemos de entender que si llegan a contactar con nosotros es porque son una civilización más adelantada. Eso sería una gran fuente de información y conocimientos, pero también un cambio para nuestra sociedad, en especial aquella que siga anclada en ideas religiosas mitológicas o creencias legendarias.

El contacto y las revelaciones de esos seres extraterrestres pueden causar miedo y alborotos. Si ese encuentro no ha existido ya en el 2045, podemos estar seguros que la ciencia estará volcando todos sus esfuerzos en proyectos más potentes y sofisticados que el SETI. La búsqueda será una carrera entre naciones o entre consorcios internacionales, una carrera cuyo objetivo será conseguir el mayor descubrimiento de la historia de la Tierra. En cualquier caso las consecuencias de un contacto hoy serían imprevisibles, tal vez en el 2045 se hayan creado unos protocolos dosificados para informar a la población de un acontecimiento de esta categoría. Algo así como la actual «escala de Londres» para evaluar cualquier anuncio de vida extraterrestre.

Los descubrimientos más probables en este ámbito en el 2045, se basarán en la vida microbiana de Marte u en otros planetas o satélites de nuestro sistema solar. Tal vez la tecnología de esas fechas permita detectar transmisiones electromagnéticas desde algún sistema planetario de una estrella próxima. Estos hallazgos, si se producen entre el momento actual y 2045, no afectarán a la vida cotidiana.

También podría suceder que una civilización exterior nos invadiese, como nos ha anticipado Hollywood con sus películas, pero esto no parece un hecho probable por muchas razones que ya han expuesto muchos científicos, aunque Stephen Hawking advierta de los peligros de extraterrestres agresivos.

El problema para realizar especulaciones prospectivas en este aspecto es complejo. Se está tratando con escenarios hipotéticos que pueden ser de una sencilla realidad o de una fantasía desbordante.

Hay que considerar factores como que la biología sea tan universal como algunos aspectos de la física y la química. Por otra parte ¿podemos concebir formas de vida más evolucionadas que la nuestra? Es como plantearse que una ameba pudiera imaginar a un ser humano como nosotros.

Por ahora cualquier futurible sobre alienígenas en 2045 es pura especulación. Algo deseable para muchos, preocupante para otros y temeroso para algunos.

¿Cómo serán las ciudades en 2045?
Una prospectiva de Sonia Fernández de Ercilla

Pensar en cómo será la arquitectura en 2045 no es tarea fácil, y menos teniendo en cuenta lo rápido que evoluciona la sociedad y la tecnología cada día que pasa. Para tener una visión profesional de este tema, he solicitado la visión de una experta. Sonia Fernández de Ercilla es licenciada por la Escuela Superior de Arquitectura de Barcelona-Universidad Politécnica de Catalunya. Empezó su carrera profesional colaborando en Ecospai de Barcelona donde accedió a la arquitectura ecológica y eficiente. Pero su gran experiencia proviene de su última etapa en la firma irlandesa MosArt-Arquitecture, Landscape & Urban Desing, referente mundial en la arquitectura de bajo consumo energético Passivhaus, firma con una gran visión del futuro. Sonia Fernández se ha especializado en este estándar obteniendo el título de Passive House Designer otorgado por Passivhaus Institute de Darmstadt, Alemania. En las siguientes páginas nos ofrece una sorprendente y rigurosa visión de la arquitectura en el futuro.

Mirando fugazmente al pasado, vemos que la historia está definida por ciclos, y el inicio de los mismos siempre sucede como una reacción a algo que ya no funciona del anterior: se cuestionan una serie de valores que hasta el momento eran válidos, y se cuestionan porque aparecen unos puntos de inflexión tales como epidemias, guerras o avances tecnológicos que ponen en crisis todo lo percibido como válido hasta el momento. Así se han dado a lo largo de la historia todas las corrientes artísticas, entre ellas las de la arquitectura, y ahora, debido a la asombrosa revolución tecnológica que estamos viviendo, podemos afirmar con certeza que estamos en uno de estos puntos de inflexión.

«Pasaremos de 7.000 a 9.500 millones de seres.»

Pero a pesar de estos cambios a lo largo del tiempo, la arquitectura tiene una razón de ser atemporal: dar respuesta a la necesidad del hombre. Si en la prehistoria las necesidades de la sociedad eran de abrigo y surgieron cuevas y cabañas, en la época greco-romana llegaron las necesidades de organización social y aparecieron las ciudades, en la Edad Media prevalecía una gran de inquietud espiritual y nacieron las catedrales, y en la Edad Contemporánea las necesidades han sido las de mostrar grandeza y poder originándose los rascacielos, ¿qué necesidades tendrá la sociedad en el 2045?

Para hacer vaticinios con fundamentos es importante echar un vistazo a cómo son nuestras ciudades hoy y qué problemas tienen o pueden tener en un futuro cercano. Uno de los cambios más importantes que nos separa hoy de 2045 es que la población mundial pasará de 7.000 millones de personas, de las cuales la mitad vivimos en ciudades y la otra mitad en entornos rurales, a 9.500 millones de personas, y la mayoría de estos 2.500 millones nuevos de personas vivirán en grandes centros urbanos, por lo que el número de ciudades en el mundo va a crecer enormemente. Para dar una idea gráfica equivalente pensemos en Nueva York. La ciudad cuenta actualmente con ocho millones de personas y ha tardado más de 200 años en configurarse tal y como está. Pues la población en 2045 será como añadir «casi una nueva Nueva York cada mes en el mundo» durante los próximos 32 años, es decir, que unas 312 Nueva York van a ser construidas en el mundo hasta 2045. Es una barbaridad en cualquier sentido, por lo que el cómo se van a construir estas nuevas ciudades va a ser un gran reto.

«Serán los edificios los que cuiden de sus ocupantes.»

Además de que en el mundo seremos muchos más, es importante saber cómo serán estos nuevos ocupantes y qué necesidades tendrán, que seguro van a ser necesidades muy distintas a las que hoy nosotros podemos entender. Estas personas ya habrán nacido y crecido en un entorno de tecnologías *smart*. La manera de interactuar con el entorno y con el resto de la sociedad ya no será la misma que tenemos hoy en día, y estarán habituadas a vivir en lugares donde todo se manipula y se consigue a tiempo real. Tendrán desarrollada una parte del cerebro que hoy tenemos por completo inactiva, y todo ello seguro que se reflejará profundamente en la arquitectura. Hasta entonces, el cambio climático, la escasez creciente de recursos fósiles con los incrementos constantes de los costes de la energía, y la creciente preocupación por la manipulación que hemos hecho del entorno natural, cambiarán sin dudar nuestra visión de cómo nos adaptamos al mundo. Los habitantes ya no querrán ocuparse de sus casas: los papeles se invertirán y serán los edificios los que cuiden de sus ocupantes. Y todo esto se conseguirá gracias a la tecnología, elemento esencial del *modus vivendi* de las generaciones venideras, sin la cual ya apenas sabrán defenderse. Por lo tanto, se podría decir que la arquitectura del futuro estará marcada por dos grandes puntos: la tecnología y ecología. Volveremos a la naturaleza, porque la condición humana así nos los pide, pero lo haremos de un modo diferente.

«Los edificios inteligentes serán capaces de tomar decisiones.»
Van a aparecer nuevas grandes ciudades en el mundo, y deberán albergar a muchas más personas, el modelo más sostenible a desarrollar serán los grandes edificios en altura. Si observamos a los arquitectos futuristas de hoy, podremos ver que la mayoría tienen un rascacielos como proyecto de futuro: son *smart-buildings*, ubicados en *smart-cities* y construidos con *smart-materials*, de los que hablaré brevemente más adelante. Pero estos grandes rascacielos y edificios del futuro serán algo más de lo que son hoy en día.

Hoy las estructuras de los edificios son estáticas y están construidas con tecnología «victoriana», es decir, mediante planos, manufactura industrial y construcción con equipos humanos. Todo ello concluye en un objeto inerte, y esto no es sostenible tal y como sostiene Rachel Armstrong, investigadora junto con otros científicos en la creación de nuevos materiales, materiales metabólicos, que hoy no existen, pero que se conseguirán en un futuro: las protocélulas, materiales que generarán materia viva a partir de organismos inertes y que podrán usarse como materiales de construcción.

Los edificios en 2045 adoptarán formas orgánicas, imitando formas y estructuras existentes en la naturaleza, e interactuarán con el entorno adaptándose a él y utilizando los recursos renovables que éste les brinde. Sus estructuras estarán claramente posicionadas hacia la ecología, y serán algo más que simples edificios de hormigón, acero y vidrio. Tendrán «inteligencia propia».

Estos edificios serán como auténticos organismos dotados de vida y tendrán una especie de sistema nervioso sintético y de alta sensibilidad que monitorizará las condiciones exteriores e interiores y funcionando de una forma sostenible, apostando por el medio ambiente, se adaptarán al ecosistema donde se ubiquen. Tendrán una espina dorsal formada por un sistema robótico que les ayudará con el mantenimiento de la infraestructura. No faltarán sistemas de reciclaje de aguas y residuos, recolección de agua y su reutilización, producirán energía renovable, dispondrán de alta seguridad y también tendrán otros sistemas que no conocemos aún. Pero sobre todo, estos edificios inteligentes no olvidarán su finalidad principal: conseguir un mayor confort para el usuario.

Un ejemplo de hacia dónde se dirige la arquitectura lo tenemos construido en Alemania desde este 2013. Se trata de un edificio que funciona gracias a la energía de las algas y almacena el calor generado en verano para ser utilizado en invierno. Las fachadas están hechas con paneles de vidrio con microalgas bioreactivas en su interior, en forma de líquido verde. La presencia de un bioreactor integrado en la fachada suministra calefacción a todas las viviendas que componen el edificio. Su motor son las microalgas y su principio de funcionamiento es la fotosíntesis. Además, los autores del proyecto recuperan las algas inservibles para la fabricación de un complemento dietético rico en minerales. Aún y así, esto es sólo un pequeño ejemplo de lo que la arquitectura puede llegar a ser.

«Vivir rodeado de huertos y jardines.»

¿Se imagina vivir en un hogar donde en el piso de abajo o de arriba se cultiven y procesen alimentos para sus residentes? Pues bien, en los edificios del futuro se vivirá rodeado de huertos y jardines.

El equipo Foresight + Innovation de la firma de arquitectos Arup ha proyectado el que cree que será el edificio hacia el 2050.

Observando sus ilustraciones, vemos que este edificio destaca por las siguientes características:

- Tendrá una estructura espacial flexible y fácilmente adaptable al cambio de uso. El módulo es la «célula» que forma este «organismo» que es el edificio. Uniendo módulos, que pueden modificarse, actualizarse, sustituirse o cambiar de lugar se configura el edificio. Será como ir con la «casa a cuestas» donde quiera que tengamos que mudarnos, siendo mucho más fácil la reubicación. Las personas tendrán «hogares desmontables» en caso que cada uno decida moverse más cerca del trabajo, por ejemplo. Sistemas robóticos son los que facilitarán el ensamblaje de estas piezas.
- Será un gran edificio que funcionará como una ciudad independiente en sí misma: mezcla de usos como viviendas, comercios, hoteles, espacios de ocio, teatros, escuelas y universidades y plantas que serán públicas. Existirán grandes puentes verdes y teleféricos y sistemas de metro que unirán los diferentes edificios que conformarán estas «ciudades inteligentes».
- La piel del edificio será reactiva, altamente multifuncional. Las fachadas de este edificio estarán hechas a base de materiales que permitirán al mismo adaptarse a las necesidades de sus ocupantes en cada momento. Membranas sensoriales regularán factores como los cambios de temperatura, humedad, viento y soleamiento. Sensores integrados en la fachada permitirán la monitorización de todos los datos y así el edificio podrá tomar decisiones inteligentes en cada momento: se dará una respuesta automática frente a cambios externos, equilibrando de manera automática el calor, la luz o el alimento. Producirán energía, generarán alimentos (granjas de vegetales y de peces) y se autolimpiarán. Como decíamos antes, el edificio al servicio del usuario y no al revés. Tratamientos con nanopartículas aplicados a las fachadas darán la capacidad a las mismas de neutralizar la polución, capturar CO_2 y limpiar el aire que rodea la estructura.
- Será imprescindible el uso de recursos sostenibles: El edificio utilizará y generará energía renovable, usará materiales reciclables y funcionará como granja de producción de alimentos. La producción de energía y comida será un aspecto obligado en

cualquier edificio sostenible en 2045. Los edificios producirán más energía que la que consumirán. Tendrán grandes superficies fotovoltaicas, turbinas eólicas y fachadas compuestas por algas que producirán biofuel.
• Fomentarán la integración con la comunidad. Los grandes espacios verdes ya no sólo estarán en la ciudad, sino que cada unidad constructiva tendrá grandes espacios comunitarios que funcionarán a modo de «pulmón» de este nuevo organismo vivo que será el edificio. Cada construcción será una pieza única que formará parte de un sistema global inteligente, será una pieza de las muchas de este «internet of things» que nos deparan los años venideros.

Los *smart materials*

Estos nuevos organismos que serán los edificios serán posibles gracias a los nuevos materiales inteligentes que surgirán durante próximos años. Probablemente los edificios en 2045 se construirán con materiales tales como huesos humanos artificiales, cáñamo, subproductos bacterianos u hormigón que absorbe las emisiones de gases de efecto invernadero y duran miles de años, materiales que hoy en día ya se están investigando en los laboratorios. Las innovaciones en los materiales de construcción darán lugar a creaciones sintéticas, es decir, «metamateriales», que serán más fuertes, más ligeros y más sostenibles que los materiales que ya utilizamos hoy, dando lugar a una arquitectura que en nada se parece a lo que estamos acostumbrados. Se construirán edificios con materiales que ni tan solo conocemos aún.

A continuación enumero algunos nuevos materiales que los científicos están investigando hoy, y que con total seguridad serán materiales tan imprescindibles y comunes como hoy en día lo es el hormigón, el mortero o la obra cerámica. Aquí me podría extender muchísimo, aunque citaré sólo algunos:

• **Protocélulas:** quizás 2045 llegará antes, pero en un futuro se construirá con protocélulas, burbujas de aceite en un líquido acuoso sensibles a la luz o a sustancias químicas diferentes. La Universidad de la Escuela de Arquitectura y Construcción de Greenwich investiga en utilizar biología sintética para crear «vida» de materiales, que se podrían usar para revestir edificios. Las protocélulas fijarían el carbono de la atmósfera o crearían un caparazón protector alrededor de los edificios para protegerlos de la erosión. El arquitecto Christian Kerrigan tiene unos dibujos donde muestra cómo con protocélulas se podría hacer crecer un arrecife de piedra caliza debajo de la ciudad de Venecia y evitar así su hundimiento, y con el paso del tiempo sería imposible saber si esa estructura fue creada natural o artificialmente.

- Cristales Kinéticos: Que la vivienda procure por la salud de sus ocupantes será una máxima en el futuro. Este cristal, desarrollado por los arquitectos Soo-in Yang y David Benjamin, es un material inteligente que está formado por una superficie transparente que abre y cierra branquias, similar al modo animal, para controlar la calidad del aire en una estancia, midiendo continuamente el nivel de CO_2 que nos rodea. La superficie está integrada por cables que mediante estímulos eléctricos regulan la cantidad de CO_2 de los edificios, cuidando así por su salud.
- Huesos artificiales: Se conseguirán en sólo unas horas usando una impresora 3D, y podrán utilizarse como nuevos materiales de construcción. Investigadores del MIT fabricaron un nuevo material sintético híbrido, 22 veces más resistente que cualquiera de los materiales que lo conforman, del mismo modo que el colágeno y la hidroxiapatita ayudan al hueso natural a resistir mejor la fractura. Utilizaron diseños, optimizados por computadora, de polímeros blandos y rígidos que colocados en patrones geométricos imitaban a los de la naturaleza. Con la ayuda de una impresora 3D que imprime con dos polímeros a la vez, el equipo logró el material. Así, modificando el diseño jerárquico de los materiales a pequeña escala, los arquitectos podrán cambiar los principios de la construcción de edificios de gran tamaño.
- Aerogel: Es un material tan ligero que apenas se puede sentir en la mano. Tiene la densidad aparente más baja de cualquier sólido poroso conocido, y es un material aislante de gran alcance. Está compuesto por dióxido de silicio puro y arena (el mismo material que se utiliza para fabricar vidrio) y por un 90%-99% de aire. Es

delgado, transpirable, resistente al fuego, fuerte y no absorbe agua. Hoy ya lo encontramos en la construcción de ventanas, como aislante térmico, pero sus excepcionales propiedades serán toda una revolución en la elaboración de nuevos tipos de ventanas, aislamientos, tabiques y cerramientos.
- Hormigón translúcido: Una combinación de fibras ópticas y hormigón fino, producidos como bloques de construcción prefabricados, generan una apariencia similar al vidrio traslúcido, pero con una resistencia sorprendente.
- Bacterias: ¿Serán las bacterias las encargadas de construir las paredes de nuestras casas en el futuro? Científicos de hoy dirigen la creación de bioplásticos, celulosa y otros materiales a través de la alimentación de unas especies concretas de bacterias. El proceso metabólico que resulta genera subproductos sólidos, sorprendentemente duraderos, que podrían ser utilizados para todo tipo de procesos. Las bacterias pueden incluso crear ladrillos que podrían ser utilizados para la construcción Marte.
- Hormigón duradero y ligero: En el MIT se está desarrollando un hormigón que permitirá reducir drásticamente las emisiones de carbono actualmente asociados con la fabricación de este material. Además tendrá también como resultado una reducción sorprendente en la cantidad necesaria en primer término, ya que será lo suficientemente fuerte como para durar un increíble período de 16.000 años. Este hormigón no sólo será más fuerte, sino también más ligero y delgado, por lo que a gran escala, estructuras ligeras requerirán mucho menos material.
- Sangre de los animales: «Es uno de los materiales de desecho más prolíficos en el mundo», dice Jack Munro, arquitecto de la Universidad de Westminster en Londres. «La sangre drenada de los cadáveres de animales en general se desecha o incinera, a pesar de ser un producto potencialmente útil.» Este recién graduado, en la sangre de cuatro vacas después de ser sacrificadas añadió un agente antibacteriano para evitar el crecimiento de hongos y lo mezcló todo con arena. Cociendo la mezcla a temperatura relativamente baja (160º) durante una hora obtuvo una especie de ladrillo gracias a la coagulación de las proteínas. Estos ladrillos no son muy resistentes a la compresión, pero son hidrófobos, con lo que pueden ser

un material perfecto de construcción para zonas donde la erosión sea un problema, y donde no se disponga de grandes recursos.

- Cáñamo: Si uno de vuestros sueños es vivir en una casa hecha de marihuana, pronto lo podréis ver cumplido. El denominado HemCrete, es un nuevo material de alta densidad hecho a base de cáñamo, cal y agua. No es sólo ecológico, sino que además es «carbono negativo» gracias al CO_2 que se almacena durante el proceso de cultivo y cosecha del cáñamo. Es 100% reciclable, resistente al agua, resistente al fuego y altamente aislante. Una vez demolido, el material puede ser utilizado como fertilizante. Aunque ya existe una casa hecha así en Carolina del Norte, todo dependerá de la legalidad del cultivo de la materia prima por parte de los estados que pueda extenderse o no en el futuro este ecológico sistema de construcción.

Como conclusión destacaré que aunque no sabemos cómo será la arquitectura en 2045, lo que sí podemos afirmar es que los edificios no sólo configurarán espacios, sino que contribuirán activamente en las necesidades específicas de cada individuo que viva en ellos. Se entenderá la arquitectura como algo que conecta la ciudad con el mundo natural de una manera directa. Los bloques pasivos y estáticos darán paso a nuevas estructuras que funcionarán como organismos vivos que generarán energía, comida, aire limpio y agua.

EPÍLOGO

Hemos hablado de la aventura más ambiciosa y fantástica que un grupo de personas se proponen realizar y en la que también ha apostado Google: alcanzar la inmortalidad en el año 2045. Pero también hemos hablado del futuro que viviremos próximamente y en esas fechas. Sea, por tanto este epílogo una breve reflexión sobre ese futuro.

Emerge un futuro complejo, especialmente para los adultos. Un mundo donde los cambios van a producirse de la noche a la mañana siguiente a un ritmo que no estamos acostumbrados a vivir. En ese mundo no son los jóvenes los que me preocupan, son los adultos que encaran la realidad de una forma rígida, conservadora e inflexible. Los jóvenes se adaptan mucho mejor a los nuevos cambios tecnológicos y sociales, incluso entre ellos crean las reglas del juego de la nueva sociedad. Por lo que este epílogo es, al margen de una reflexión, un mensaje para los adultos con el fin, entre otros aspectos, que no se produzca una brecha generacional.

A lo largo de este libro ya hemos podido comprobar el fantástico mundo que nos viene, un mundo de cambios inesperados en el que hay que prepararse para lo imposible, lo increíble y lo inesperado. Cualquier tipo de estancamiento laboral, empresarial o intelectual aboca al fracaso. Debemos prepararnos para los cambios porque vamos a enfrentarnos con una sociedad en que muchas actividades empresariales actuales van a desaparecer. Hay que estar dispuesto a cambiar de trabajo, de empresa, de sector, barrio y ciudad. Cualquier inmovilismo puede llevarnos al fracaso por lo que no tenemos que desvelarnos por los cambios que vienen, sino afrontarlos.

Esta situación, nueva en la historia de la civilización por la rapidez con la que emergen los cambios, precisa reacciones rápidas. No hay que ver el porvenir como un bosque repleto de tinieblas, sino como un bazar lleno de oportunidades. Eso debe llevarnos a arriesgar en nuevos negocios y apurarlos hasta que otra nueva innovación aparezca, momento en que abandonaremos nuestro negocio para iniciar otro. La variedad y velocidad con que cerremos la persiana y la abramos con un nuevo servicio o producto, será el secreto de nuestro éxito o fracaso. Tenemos que considerar que si ahora, la sociedad exige buscar recambios inmediatos y las modas cambian vertiginosamente, en el futuro eso será más veloz, por lo que habrá, más que nunca, que aprovechar el momento presente. Esta actitud significa carecer de miedo, no temer a los riesgos, y si algo fracasa se sustituye. Los errores siempre son fuente de aprendizaje. Lo que se valorará en los próximos años será la creatividad, el ingenio y el conocimiento.

Lo he destacado en varias ocasiones, el presente es lo único que existe, vivimos un eterno presente. El pasado es algo que ha transcurrido con sus éxitos y sus fracasos, con sus alegrías y sus situaciones desagradables, pero no lo podemos modificar. Tenemos que vivir un presente con la mente ubicada en el futuro. Y eso implica ser realista, no soñar y no ser portadores de supersticiones, leyendas y dogmatismos rigurosos.

Para afrontar ese futuro increíble que hemos abordado en las páginas de este libro, debemos de ser, ante todo, optimistas. Quitarnos de encima los catastrofismos y los pensamientos negativos. Si queremos avanzar debemos buscar el lado positivo de las cosas. Eso implicará solventar muchos problemas de adaptación, nunca el antiguo dicho de «adaptarse o morir» ha sido más adecuado.

Ya se han acabado aquellos tiempos en los que las empresas se dirigían con suntuosas jerarquías en las que «se hace esto porque don fulano lo ha mandado». Las empresas del futuro en las que trabajarán diferentes tipos de personas estarán regidas por la necesidad de compartir, no competir entre unos y otros. Lugares donde no se buscará el triunfo personal, sino la unidad y satisfacción de todo el equipo. Sabemos por experiencia que los buenos ambientes laborales son más productivos, sanos y creativos que en los que impera la competición, las jerarquías respetuosas, los secretismos, capillitas y favoritismos.

Como he explicado, en 1973 creamos en Barcelona una *think tank* para explorar el futuro. Al mismo tiempo empecé a trabajar en una empresa, con más de 200 empleados, líder en el sector de los agentes de aduanas y el transporte internacional. Los jefes de los diferentes departamentos habían llegado a estos cargos no por sus conocimientos –que si los tenían los guardaban celosamente para que nadie supiese más que ellos y pudieran arrebatarles el cargo–, sino por su antigüedad en la empresa, así como su lealtad y confianza. Inmediatamente comprobé que había accedido a una empresa dirigida por viejos, una gerontocracia donde yo me convertía en el jefe más joven que habían tenido en su historia.

Presenté a la alta dirección, integrada por un clan familiar, un informe prospectivo en el que advertía que se avecinaban cambios, entre ellos la Unión europea, y que este hecho transformaría el mundo de las agencias de aduanas y la logística del transporte internacional. Proponía otros cambios en la administración general, tal vez demasiados innovadores para aquella época. No consideraron estos pronósticos como factibles y siguieron su política de expansión en base a un sistema que no iba a cambiar. Dejé aquella empresa porque quería dedicarme a la divulgación científica y estudiar en nuevos campos de la ciencia. El mundo, como había pronosticado cambió, y la empresa líder en el sector quebró. Su anciana dirección ejecutiva familiar no había considerado una visión del futuro, menos de un joven de 27 años, habían confiado en que el mundo seguiría igual.

De cara al futuro que viene, otro de los factores esenciales es el conocimiento y la necesidad de estar al día en las nuevas tecnologías. Eso significa que no podemos dejar de estudiar, adquirir nuevos conocimientos, tener nuevas experiencias, saber utilizar las nuevas tecnologías y estar atentos a las innovaciones que se avecinan. Creo que surgirá la profesión de analista en tecnología y avances futuros, un especialista cuya misión será la de realizar informes para altos ejecutivos sobre lo que se está cociendo en los laboratorios y afectará con sus innovaciones cambios sociales y comerciales. Creo que, también, los políticos debieran meditar sobre la necesidad de incorporar esta figura a su staff de información.

Personalmente no he dejado de estudiar nunca, siempre he estado al corriente de los nuevos adelantos científicos, tanto en las materias que domino, como en aquellas que surgen fuera de mi especialidad. Posiblemente soy prisionero de unas profundas ansias de saber, una inquietud sin límites por conocer el gran misterio de nuestra existencia. Me gustaría contagiar esa actitud a otras personas, pero no será necesario, ya que el futuro, como hemos visto, nos va a empujar a un mundo en el que la cultura y el conocimiento estarán al orden del día.

Hemos visto en este libro como en el futuro la tendencia es la comercialización y difusión de la cultura, especialmente a través de las nuevas tecnologías que permitirán acceder virtualmente a este mundo. Todos los teóricos prospectivos apuntan a que este será un sector en alza. Los ciudadanos, que dispondrán de más tiempo, aprenderán nuevas tecnologías cómodamente en sus casas, enseñanzas necesarias para comprender el sistema en que viven. El arte, la música, la escritura, los conocimientos en todas las disciplinas y la creatividad se valorarán como no se han valorado nunca. Con la ayuda de la nueva tecnomedicina aumentará nuestra inteligencia, talento y creatividad. Por primera vez el conocimiento y la cultura ocuparán el lugar que siempre le había correspondido.

⊕

ANEXO

Miembros que apoyan *Initiative 2045*, o han participado en sus eventos, y algún otro científico mencionados en este libro relacionados con la temática de la inmortalidad.

Atale, Anthony: Doctor especialista en medicina regenerativa.
Austad, Stevens: Doctor del Instituto Barshop para el Estudio de la Longevidad y el Envejecimiento, investiga en el campo del TOR (Target of Rapamicym).
Azúcar, Adrián: Cirujano maxilofacial, uno de los primeros de aplicar en su especialidad la tecnología 3D.
Berger, Theodore: Neurólogo que participó en la Conferencia Global 2045 y apoya el proyecto.
Bezos, Jeff: (1964) Fundador de Amazon, la 29 empresa en el ranking de la economía mundial.
Bostrom, Nick: Profesor de filosofía. Futuro Cryonauta. Fundador de Word Transhumanist Association.
Boyden, Ed: Profesor de Ingeniería biológica y del Cerebro y Ciencias Cognitivas del MIT.
Boyer, Herbert: Biotecnólogo fundador de Genentech, líder en biotecnología. Socio de Calico.
Branson, Richard: Propietario de Virgin y 360 empresas más, entre ellas Virgin Galactic, pionera en el turismo espacial.

Brian, Sergey: (1973) Cofundador con Larry Page de Google. Uno de los mecenas y filántropos más importantes del mundo.
Brynjolfsson, Erik: Técnico en prospectiva del MIT.
Cameron, James: Director de cine, explorador que descendió con Deep Challenger a la fosa de las Marianas. Famoso por sus películas y reportajes.
Clark, Stuart: Astrónomo y periodista.
Copperfield, David: Mago, ilusionista. Propietario de una isla en las Bahamas, amigo de Sergey Brian y Larry Page.
Dawkins, Richard: Cabeza visible del ateísmo en el mundo. Presidente de la Fundación Richard Dawkins para la Razón y la Ciencia. Miembro de la Word Transhumanisme H+.
Diamandis, Peter: (1961) Ingeniero, médico, cofundador con Raymond Kurzweil de la Universidad de la Singularidad. Presidente de la Fundación X Priz, propietario de la empresa espacial Planetary Resources Inc.
Dolinoff, Anatole: Ingeniero, expresidente de Cryonics de France. Fallecido.
Drexler, Eric: Fundador de Foresight Institute.
Epstein, Mikhail: Precursor de las Neoocracias.
Farmanfarmaian, Robin: Doctor en medicina y Relaciones Estratégicas de la Universidad de la Singularidad. Productor Ejecutivo de Medicina Exponencial.
Fieldson, Michael: Ingeniero en robótica. Creador del Robot «Talos» que se incorporará al ejército de EE.UU en los próximos años.
Finch, Caleb: Biólogo especialista en longevidad humana e investigador de las causas del aumento del promedio de vida.
Garis, Hugo de: (1947) Físico teórico. Doctor en Vida Artificial e I.A de la Universidad de Bruselas. Augura una guerra entre partidarios y detractores de la I.A.
Gates, Bill: (1955) Fundador de Microsoft. Socio de la Fundación Bill & Melinda Gates, y uno de los principales inversores de Cascade Investiments.
Geim, Andrei: Investigador, descubrió el grafito en 2003 junto a K. Noroselov. Obtuvo el Premio Nobel.

Gopnik, Alison: Profesor de psicología de la Universidad de Berkeley.
Goud, Jay: Paleoantropólogo fallecido. Sus teorías sobre la evolución son puestas en duda por otros paleontropólogos.
Grey, Aubrey: Biotecnólogo. Presidente de la Fundación Matusalen (SENS Researche). Investiga en la prolongación de la vida y el envejecimiento.
Grossman, Terry: Médico personal de Raymond Kurzweil. Fundador del Instituto Frontier, de *antiaging*, en Denver. Especialista en antienvejecimiento.
Guth, Alan: Físico, cosmólogo, especialista en partículas elementales.
Hameroff, Stuart: Director del Centro de Estudios de la Consciencia de la Universidad de Arizona. Cree que la consciencia está en microtúbulos neuronales.
Hanson, David: Doctor ingeniero en robótica, constructor de una compleja cabeza parecida a Dmitry Itskov, con 36 motores de movimientos faciales.
Hanson, David: Doctor en ingeniería. Fundador de Hanson Robotics.
Hawking, Stephen: Uno de los físicos más brillantes que existen en la actualidad. Ha desarrollado numerosas teorías sobre los fenómenos cosmológicos.
Hayworth, Ken: Neurocientífico de Jamelia Farm Research Campus de Howard Hughes Medical Institute. Trabaja en la creación de un mapa del cerebro
Hoffman, Isabel: Doctora de medicina preventiva, creadora junto a S. Watson de TellSpec.
Hogan, Craig: Físico, director del Centro de Astrofísica de Partículas del Fermilab.
Holland, John: Profesor de psicología e informática. No cree que los robots lleguen a tener consciencia en el futuro.
Hooft, Gerard´t: Físico holandés, Premio Nobel.
Horneck, Gerda: Madre de la astrobiología, microbióloga del Instituto de Medicina Aeroespacial Alemán.
Horvath, Steve: Profesor de genética humana en UCLA.
Huxley, Julian: Creador del término Transhumanismo.

Ishiguro, Hiroshi: Ingeniero en robótica, apoya la construcción de antropoides con apariencia humana. Y ha realizado un doble de él difícil de diferenciar.

Itskov, Dmitry: (1981) Magnate ruso de los medios de comunicación. Promotor de *Initiative 2045*. Posiblemente el hombre más rico del mundo.

Kaku, Michio: Físico teórico, desarrolló parte de la teoría de cuerdas.

Kapahi, Pankaj: Del Instituto de Tecnología de California. Trabaja en temas de antienvejecimiento.

Kesavedad, Thenkurussi: Profesor de Ingeniería mecánica y aeroespacial, especialista en la realidad virtual.

Kaplan, Alexander: Neurólogo que participó en Global 2045 y apoya el proyecto.

Koch, Christof: Neurocientífico. Director del Instituto Allen para la Ciencia del Cerebro.

Koene, Randall: Director de Ciencias de *Initiative 2045*.

Kowalski, Heather: Esposa de Craig Venter, responsable de su publicidad e imagen.

Kurzweil, Raymond: (1948) Cofundador con Peter Diamandi de la Universidad de la Singularidad. Director de Ingeniería de Google. Promotor y principal impulsador de *Initiative 2045*.

Lebeder, Mikhail: Neurólogo que participó en Global 2045 y apoya el proyecto.

Levinson, Arthur: Biotecnólogo. Director de Calico (propiedad de Sergey Brian y Larry Page). Expresidente de Apple Inc.

Lovelock, James: Creador de la hipótesis de Gaia.

McAfee II, Andrew: Técnico en prospectiva del MIT.

Macchiarini, Paolo: Junto a Silvia Baiguera, ambos del Instituto Karolinska de Estocolomo, ha elaborado un método de regeneración de neuronas cerebrales.

McTaggart, Lynne: Autora de *El Campo*. Promotora de la idea de la existencia de un campo de energía universal que une todo.

McAffe, Andrew: Científico e investigador del MIT, autor de *The Second Machine Age*.

McGinnity, Martin: Director del Centro de Investigaciones en Sistemas Inteligentes.

More, Max: Filosofo que estableció los fundamentos del Transhumanismo.
Novoselov, Konstantin: Investigador. Descubrió en 2003, junto a A. Geim, el grafito. Premio Nobel.
Page, Larry: Cofundador con Sergey Brian de Google.
Pauwels, Louis: Co-autor de *El retorno de los brujos*. Director de la revista *Planete*.
Pearce, David: Fundador junto a Bostron de World Transhumanist Association.
Penrose, Roger: (1931) Físico, matemático, experto en temas de la consciencia.
Popp, Fritz-Albert: Físico, profesor de la Universidad de Marburg.
Punset, Eduard: Economista. El primer divulgador científico de España.
Rees, Martin: Progresista y autor de *Nuestra hora final*.
Rubin, Andy: Dirige Google Android, es líder del proyecto de fabricación de robots de Google.
Sagan, Carl: Científico ya fallecido. Astrónomo y cosmólogo. Famoso por sus libros y divulgación a través de TV. Trabajó con la NASA.
Sandberg, Anders: Neurocientífico de computación. Futuro cryonauta.
Santostasi, Giovanni: Director de Inmortal Life.
Sabatini, David: Del Instituto Whitehedd para la Investigación Biomédica de Cambridge, Massachusetts. Aisló por primera vez formas del TOR (Target of Rapamycin).
Shinya, Hiromi: Jefe de la Unidad de Endoscopía Quirúrgica del Centro Médico Beth Israel de Nueva York. Autor del libro: *La enzima prodigiosa*.
Southworth, Lucinda: Biomédica, esposa de Larry Page.
Sussking, Leonard: Premio Nobel de físca.
Takebe, Takanori: Investigador japonés creador del primer microhígado.
Teilhard de Chardin, Pierre: Jesuita, paleontólogo. Precursor de las Noocracias.
Thorne, Kip: Físico teórico. Especialista en agujeros negros.

Vellai, Tibor: De la Universidad de Friburgo. Estudia los procesos de antienvejecimiento.

Venter, Craig: (1946) Biólogo, genetista, propietario de Synthetic Genomic Inc.

Vijayakumar, Seether: Director de Laboratorios de Robótica de Edimburgo.

Vernadsky, Vladimir: Autor de *Biosfera*, Noocrático.

Watson, Stephen: Matemático. Creador junto a I. Hoffman de TellSpec.

Wilber, Ken: Autor de una veintena de libros de psicología transpersonal.

Wojcicki, Anne: Biotecnóloga del 23andMe, exmujer de Sergey Brin.

Wolf, Fred Alan: Físico teórico y físico cuántico. Investiga la consciencia y su relación con la mecánica cuántica.

Wrangham, Richard: Antropólogo.

BIBLIOGRAFÍA

Araújo, Heribert; y Cardenal, Juan Pablo. *La silenciosa conquista de China*, Editorial Crítica, 2012. Madrid.
Ballesteros, J. *Más allá de la eugenesia: El posthumanismo como negación del Homo Patiens*, Cuadernos de Bioética, XXII, 2012.
Blaschke, Jorge. *Estos mataron la paz*, Ma Non Troppo/Robinbook, 2003, Barcelona
Blaschke, Jorge. *Somos energía*, Robinbook, 2009, Barcelona.
Blaschke, Jorge. *Más allá de lo que tú sabes*, Robinbook, 2010, Barcelona.
Blaschke, Jorge. *La ciencia de lo imposible.* Ma Non Troppo/Robinbook, Robinbook, 2012, Barcelona.
Blaschke. Jorge. *Los gatos sueñan con física cuántica y los perros con universos paralelos*, Ma Non Troppo/Robinbook, 2012, Barcelona.
Blaschke, Jorge. *Los pájaros se orientan con la física cuántica*, Ma Non Troppo/Robinbook, 2013, Barcelona.
Blaschke, Jorge. *Cerebro 2.0*. Ma Non Troppo/Robinbook, 2013, Barcelona.
Blond, Geotges y Germaine. *Historia pintoresca de la alimentación*, Caralt Editores, 1989, Barcelona.
Bostrom, N. y Cirkovic M. *Global Catastrophic Risks*, Oxford University Press, 2008. GB.

Brockman, John. *Los próximos cincuenta años*, Editorial Kairós, 2004, Barcelona.

Brockman, John, y otros. *El nuevo humanismo y las fronteras de la ciencia*, Editorial Kairós, 2007, Barcelona.

Clarke, Richard; y Kanake, Robert. *Cyberwar*, Hardcover Edition, 2010, EE.UU.

Clark Kee, Howard. *Medicina, milagros y magia*, Ediciones El Alamendro, 1992, Córdoba.

Cordon, Faustino. *La alimentación, base de la biología evolucionista*, Alfaguara, 1978, Madrid.

Cunqueiro, Álvaro. *La cocina cristiana de Occidente*, Tusquets Editores, 1981, Barcelona.

Dawkins, Richard. *El gen egoísta*. Salvat, 2000, Barcelona.

Dawkins, Richard. *El espejismo de Dios*, Espasa-Calpe, 2007, Madrid.

Dennet, Kurzweil, Pinker, Smolin y otros. *El nuevo humanismo*, Kairós, 2007, Barcelona.

Diez, Fernando. *Ciencia y consciencia*, Kairós, 2013, Barcelona.

Ettinger, Robert. *L´homme, est-il inmortel?* Denoel, 1964, París.

Fernandez-Rañada, Antonio. *Los científicos y Dios*, Editorial Trotta, 2008, Madrid.

Ferrer, Jorge. *Espiritualidad creativa*, Kairós, 2003, Barcelona.

Fukuyama, Francis. *Nuestro futuro posthumano*, Straus & Giroux, 2002, Nueva York, USA.

Gomá, Javier. *Necesario pero imposible*, Edit. Taurus, 2013, Madrid.

Greene, Brian. *La realidad oculta*, Crítica, 2011, Barcelona.

Grossman, Terry. *Baby Boomers to living foreva*, Paperback, 2000, EE.UU.

Grossman, T y Kurzweil, R. *Transcend*. Paperback. 2002, EE.UU.

Grossman, T y Kurzweil, R. *Fantastic Voyage*, Rodale, 2004, EE.UU.

Harner, Dean. *El gen de Dios*, La esfera de los libros, 2007, Madrid.

Istvan, Zoltan. *The Transhumanist wager*, The Nueva York Syndicate, 2014, EE.UU.

Kaku, Michio. *universos paralelos*, Edit. Atalanta, 2008, Girona.

Kurzweil, Raymond. *La Singularidad está cerca,* Lola Books, 2005, EE.UU.

Kurzweil, Raymond. *How to créate Mind: The secret of Human Thought Revealed,* Libros Inteligencia, 2012, California.

Kurzweil, Raymond. *The Age of Spiritual Machine,* Discovery Institute Press, 2002, California.

Lachman, Gary. *Una historia secreta de la consciencia,* Atalanta, 2013, Girona.

Laureys, S. y Tononi, G. *The Neurology of Consciousness,* Academia Press, 2008, EE.UU.

Le Douarin. Nicole. *Les Cellules souches porteases d´inmmortalité,* Editorial Odile Jacob, 2007.

McAffe. A y Brynjolfsso, E. *The Second Machine Age,* Kimdle Edition, 2014, EE.UU.

McKenna, Terence. *Psicodélicos transhumanistas,* Editorial Kier, 2008, Buenos Aires, Argentina.

More, Max y Vita-More, Natasha. *The transhumanist Reader,* Ed. Wiley-Blackwell, 2013, EE.UU.

McTaggart, Lynne. *El Campo,* Editorial Sirio, 2002, Málaga.

Martín, Consuelo. *Conciencia y Realidad,* Editorial Dilema, 2007, Madrid.

Mayer-Schönberger, V. Kenneth, C. *Big Data,* Turner, 2012, Madrid.

Moody, Raymond. *La Vida después de la Vida,* Edaf, 1975, Madrid.

Mosterin, Jesús. *Ciencia, filosofía y racionalidad,* Gedisa, 2013, Barcelona.

Naím, Moisés. *El final del poder,* Debate, 2013, Barcelona.

Ordine, Nuccio. *La utilidad de lo inútil,* Editorial Acantilado y Quaderns Crema, 2013, Barcelona.

Penrose, Roger. *La nueva mente del Emperador,* Editorial Debolsillo, 2009, Barcelona.

Penrose, Roger. *La sombra de la mente,* Crítica, 2000, Madrid.

Pickover, Clifford. *The paradox of God and the Science of omniscience,* Palgrave, 2001, Nueva York.

Prochiantz, Alain. *Machine-esprit,* Editorial Odile Jacob, 2000, France.

Punset, Eduard. *Por qué somos como somos,* Santillana Ediciones, 2010, Madrid.
Rees, Martin. *Nuestra hora final,* Crítica, 2003, Barcelona.
Roach, Mary. *Packing for Mars,* W.W. Norton Company, 2010, USA.
Rosenblum y Kuttner. *El enigma cuántico,* Tusquets Editores, 2010, Barcelona.
Sagan, Carl. *El cerebro de Broca,* Crítica, 1994, Barcelona.
Sheldrake. S., McKenna. T, y Abraham. R. *Caos, creatividad y conciencia cósmica,* Ellago Ediciones, 2005, Castellón.
Shinya, Hiromi. *La enzima prodigiosa,* Santillana Ediciones Generales, 2013, Madrid.
Sussan, Rémi. *Demain les mondes virtuels,* Edit. FYP, 2009, Francia.
Tipler, Frank. *La física de la inmortalidad,* Alianza Editorial, 2005, Madrid.
Weil, Pierre. *Los límites del ser humano,* Los Libros de la Liebre de Marzo, 1997, Barcelona.
Wilber, Ken. *Espiritualidad integral,* Kairós, 2007, Barcelona.

Por el mismo autor:

Jorge Blaschke se adentra en los pantanosos terrenos de la mecánica cuántica para desbrozar el significado de esta fantástica aventura que ha emprendido el ser humano en busca de respuestas que atenazan su existencia. Porque es en el ámbito de esta rama de la ciencia donde se está produciendo uno de los mayores avances en el conocimiento humano, y la prueba más reciente es el bosón de Higgs, la llamada partícula de la vida.

Tras publicar con notable éxito *Los gatos sueñan con física cuántica y los perros con universos paralelos*, Jorge Blaschke ofrece un nuevo libro para divulgar aspectos del mundo cuántico que nos acecha. De manera accesible y amena, profundiza en nuevos modelos del paradigma cuántico descubriendo implicaciones en el mundo de lo infinitamente pequeño, lo infinitamente grande y el mundo intermedio.

Michio Kaku es un gran divulgador científico que ha hecho del rigor su principal bandera y de sus predicciones, un moderno laboratorio en el que científicos de medio mundo se han lanzado a investigar. No en vano Kaku anticipa que estamos al borde de una revolución tecnológica sin precedentes pero que con las herramientas y conocimientos adecuados no hemos de temer nada ya que podremos asumir el control de nuestro futuro.

Por fin se ha iniciado la gran aventura de explorar el sistema más complejo y desconocido que conocemos en el Universo: la exploración del cerebro humano. Varios proyectos europeos relacionados con la neuromedicina se han lanzado a la exploración del cerebro humano durante los próximos años con importantes inversiones. Jorge Blaschke, autor de numerosos best sellers de divulgación científica, desvela cuáles son esos retos para el futuro así como todo aquello que sucede en el interior de la mente.